R. (Robert) Bunsen, Adolf von Baeyer

Untersuchungen über die Kakodylreihe

1837-1843

R. (Robert) Bunsen, Adolf von Baeyer

Untersuchungen über die Kakodylreihe
1837-1843

ISBN/EAN: 9783743337817

Hergestellt in Europa, USA, Kanada, Australien, Japan

Cover: Foto ©berggeist007 / pixelio.de

Manufactured and distributed by brebook publishing software
(www.brebook.com)

R. (Robert) Bunsen, Adolf von Baeyer

Untersuchungen über die Kakodylreihe

Ankündigung.

Die Klassiker der exakten Wissenschaften umfassen ihrem Namen gemäss die rationellen Naturwissenschaften, von der Mathematik bis zur Physiologie und enthalten Abhandlungen aus den Gebieten der Mathematik, Astronomie, Physik, Chemie (einschliesslich Krystallkunde) und Physiologie.

Die allgemeine Redaktion führt **Dr. W. Ostwald,** o. Professor an der Universität Leipzig; die einzelnen Ausgaben werden durch hervorragende Vertreter der betreffenden Wissenschaften besorgt. Für die Leitung der einzelnen Abtheilungen sind gewonnen worden: für Astronomie Prof. Dr. Bruns (Leipzig), für Mathematik Prof. Dr. Wangerin (Halle), für Krystallkunde Prof. Dr. Groth (München), für Pflanzenphysiologie Prof. Dr. W. Pfeffer (Leipzig), für Physik Prof. Dr. Arth. von Oettingen (Dorpat).

Der Preis für den Druckbogen à 16 Seiten ohne etwaige textliche Abbildungen ist auf $\mathscr{M}$ —.25 festgesetzt.

Erschienen sind:

Nr. 1. **H. Helmholtz,** Erhaltung der Kraft. (1847.) (60 S.) 80 $\mathscr{Pf}$.

» 2. **C. F. Gauss,** Lehrsätze in Beziehung auf die im verkehrten Verhältnisse des Quadrats der Entfernung wirkenden Anziehungs- und Abstossungskräfte. (1840.) Herausg. von A. Wangerin. (60 S.) 80 $\mathscr{Pf}$.

» 3. **J. Dalton** u. **W. H. Wollaston,** Abhandlungen zur Atomtheorie. (1803—1808). Herausg. v. W. Ostwald. Mit 1 Taf. (30 S.) 50 $\mathscr{Pf}$.

» 4. **Gay-Lussac,** Jod. (1814.) Herausg. v. W. Ostwald. (52 S.) 80 $\mathscr{Pf}$.

» 5. **C. F. Gauss,** Flächentheorie. (1827.) Deutsch herausg. v. A. Wangerin. (62 S.) 80 $\mathscr{Pf}$.

» 6. **E. H. Weber,** Über die Anwendung der Wellenlehre auf die Lehre vom Kreislaufe des Blutes etc. (1850.) Herausg. v. M. v. Frey. Mit 1 Taf. (46 S.) $\mathscr{M}$ 1.—.

» 7. **F. W. Bessel,** Länge d. einfachen Secundenpendels. Herausg. von H. Bruns. Mit 2 Taf. (171 S.) $\mathscr{M}$ 3.—.

» 8. **A. Avogadro** u. **Ampère,** Abhandlungen zur Molekulartheorie. (1811 u. 1814.) Mit 3 Taf. Herausg. v. W. Ostwald. (50 S.) $\mathscr{M}$ 1.20.

» 9. **H. Hess,** Thermochemische Untersuchungen. (1839—1842.) Herausg. v. W. Ostwald. (102 S.) $\mathscr{M}$ 1.60.

» 10. **F. Neumann,** D. mathem. Gesetze d. inducirten elektrischen Ströme. (1845.) Herausg. v. C. Neumann. (96 S.) $\mathscr{M}$ 1.50.

» 11. **Galileo Galilei,** Unterredungen u. mathematische Demonstrationen über zwei neue Wissenszweige etc. (1638.) 1. Tag mit 13 u. 2. Tag mit 26 Fig. im Text. Aus d. Italien. übers. u. herausg. v. A. v. Oettingen. (142 S.) $\mathscr{M}$ 3.—.

» 12. **I. Kant,** Theorie d. Himmels. (1755.) Herausg. v. H. Ebert. (101 S.) $\mathscr{M}$ 1.50.

» 13. **Coulomb,** 4 Abhandlgen über d. Elektricität u. d. Magnetismus. (1785-1786.) Übers. u. herausg. v. W. König. Mit 14 Textf. (88 S.) $\mathscr{M}$ 1.80.

Fortsetzung auf der dritten Seite des Umschlages.

Untersuchungen

über die

KAKODYLREIHE

von

ROBERT BUNSEN.

(1837—1843.)

Herausgegeben

von

Adolf von Baeyer.

Mit 3 Figuren im Text.

LEIPZIG

VERLAG VON WILHELM ENGELMANN

1891.

Ueber eine Reihe organischer Verbindungen, welche Arsenik als Bestandtheil enthalten

von

Dr. G. Bunsen.

Bei der grossen Uebereinstimmung, welche das Arsenik mit dem Stickstoff in seinem chemischen Verhalten darbietet, liegt die Aussicht zur Darstellung organischer Arsenikverbindungen so nahe, dass man sich in der That darüber wundern muss, wie diese Substanz so lange sich einer genaueren Beachtung habe entziehen können. Namentlich würde sich ihre Existenz in dem Destillationsproducte leicht haben vermuthen lassen, das unter dem Namen der *Cadet*'schen Flüssigkeit schon lange in den Lehrbüchern der Chemie angeführt, aber sehr irrig für eine Verbindung von Essigsäure mit arseniger Säure gehalten worden ist. Der Grund indessen, warum dieses interessante Product noch keiner sorgfältigeren Prüfung unterworfen wurde, dürfte wohl darin zu suchen sein, dass die Darstellung und Untersuchung desselben theils mit einiger Gefahr, theils mit Beschwerden verbunden ist, die eben nicht unter die Annehmlichkeiten einer chemischen Analyse zu rechnen sind. Dasselbe zeigt nämlich einen so durchdringenden, Ekel erregenden, fast unvertilgbaren Geruch, dass man in dem geschlossenen Raume eines Laboratoriums damit zu experimentiren kaum wagen darf, zumal wenn man mit Hektogrammen, oder mit grösseren Quantitäten zu arbeiten sich gezwungen sieht.

Höchst merkwürdig ist es, dass sich unter den Verbindungen, welche die erwähnte Flüssigkeit liefert, eine findet, die, bei einer grossen Auflöslichkeit, und, ungeachtet eines bedeutenden

1*

Arsenikgehaltes, doch keine, oder wenigstens nur sehr unbedeutende giftige Eigenschaften zeigt. In diesem unerwarteten
Verhalten stellt sich [220] eine neue Analogie des Arseniks mit
dem Stickstoff heraus, auf die ich bei Beschreibung jener Substanz noch einmal zurückkommen werde. Als den interessantesten Stoff, welcher dieser Klasse von Körpern zugehört, darf
man gewiss eine Verbindung betrachten, die sich, ihrer Zusammensetzungsformel zufolge, als ein polymerischer Alkohol darstellen würde, wenn man sich ihren Arsenikgehalt durch eine
gleiche Anzahl Sauerstoffatome ersetzt denkt, und die ich daher
mit dem Namen Alkarsin bezeichnen werde, gebildet aus
den Anfangsbuchstaben von Alkohol und Arsenik, um an den
Hauptcharakter, nämlich ihre empirische Zusammensetzung,
zu erinnern.

Erste Abtheilung.
Vom Alkarsin, seiner Darstellung, seinen Eigenschaften und seiner Zusammensetzung.

Die Untersuchung dieser Substanz ist mit grossen Schwierigkeiten verbunden, da sie beim Zutritte der Luft augenblicklich
eine Zersetzung erleidet, und sich dabei von selbst entzündet.
Noch mehr häufen sich die Schwierigkeiten durch die heftige
Einwirkung, welche ihre Dämpfe auf die Respirationsorgane
ausüben, weshalb die grösste Vorsicht bei den Versuchen erforderlich ist. Diese Umstände mögen es entschuldigen, wenn die
befolgte Darstellungsmethode im Nachstehenden etwas ausführlicher beschrieben ist, als es sonst erforderlich sein würde.

Destillirt man arsenige Säure zu gleichen Theilen mit essigsaurem Kali, so geht bekanntlich mit den Producten eine Flüssigkeit über, die unter dem Namen des *Cadet*'schen Liquors bekannt ist. Man erhält sie in ziemlich bedeutender Menge, wenn
man etwa ein kg obiger Substanzen in einer Glasretorte sehr
langsam bis zum Rothglühen im Sandbade erhitzt. Die in die
Vorlage übergegangenen Stoffe lagern sich in drei Schichten ab.
　221 Am Boden befindet sich eine nicht unbeträchtliche Quantität
reducirten Arseniks, darüber ein braunes, ölartiges Liquidum,
welches grösstentheils aus Alkarsin und einer anderen Verbindung besteht, von der in der Folge die Rede sein wird, und
obenauf lagert sich eine mehr wässrige Flüssigkeit, die eine Auflösung von Alkarsin in Aceton, Essigsäure und Wasser enthält,
worin sich ausserdem noch etwas arsenige Säure aufgelöst

befindet Bei der Destillation muss man sich sorgfältig vor dem
Einflusse der mit den Gasarten entweichenden Dämpfe ver-
wahren, welche die heftigste Einwirkung auf die Respirationsorgane ausüben, und leicht zu sehr nachtheiligen Zufällen Veranlassung geben können. Sie enthalten indessen kein Arsenik-
wasserstoffgas, sondern bestehen grösstentheils aus Kohlensäure,
nebst etwas Grubengase und ölbildendem Gase. Erst nachdem
die Retorte erkaltet ist, welche gewöhnlich gegen das Ende der
Operation unter dem Einflusse des gebildeten kohlensauren Kalis
schmilzt, entfernt man die Vorlage, um zu verhindern, dass die
an dem erwärmten Halse derselben anhängenden Flüssigkeiten
sich an der Luft von selbst entzünden. Man giesst hierauf die
wasserhaltige Schicht so viel als möglich von der unteren ölartigen ab, und bringt diese letztere in eine Digerirflasche, indem
man den Luftzutritt soviel als möglich vermeidet. Da die Retorte gegen das Ende der Operation durchlöchert wird, so habe
ich, wiewohl vergeblich, die Destillation in einem Gefässe von
Eisenblech vorzunehmen versucht. Man erhält auf diese Weise
nur eine sehr geringe Menge von der ölartigen Flüssigkeit, und
läuft Gefahr, dass der Versuch durch eine den Apparat zertrüm-
mernde Explosion verloren geht, da die bedeutendere Menge des
reducirten Arseniks leicht das Ableitungsrohr verstopft. Wenn
man die Destillation sehr langsam leitet und die Vorlage in Eis
abkühlt, um nicht zu viel Dämpfe mit den [222 entweichenden
Gasarten zu verlieren, so kann man aus etwa 500 g arseniger
Säure mehr als 150 g der *Cadet*'schen Flüssigkeit erhalten.
Niemals darf man übrigens diese Darstellung anders als im Freien
vornehmen, wenn man sich nicht den grössten Unbequemlichkeiten aussetzen will. Nachdem man das erhaltene Product zu
wiederholten Malen mit Wasser geschüttelt, unterwirft man es,
um die letzten Antheile von Essigsäure und arseniger Säure zu
entfernen, einer Destillation über Kalihydrat, welche man in
einem mit Kohlensäure gefüllten Apparate vornehmen muss, weil
sich beim Zutritte von Luft augenblicklich wieder arsenige Säure
und andere Producte bilden. Das Ueberfüllen der Flüssigkeit in die
Gefässe geschieht am leichtesten vermittelst einer Digerirflasche,
deren Kork mit einer ausgezogenen und zugeblasenen Spitze versehen ist, die man über dem zur Aufnahme der Flüssigkeit bestimmten Gefässe abbricht. Ohne diese Vorsichtsmaassregel würde
sich die Flüssigkeit, wenn sie nicht mehr mit einer Wasserschicht bedeckt ist, schon beim Uebergiessen aus einem Gefässe
in das andere von selbst entzünden. Das in der Vorlage

befindliche Destillat, welches nun vollkommen von arseniger Säure,
Essigsäure und Arsenik befreit ist, erscheint vollkommen farblos, enthält aber noch eine beträchtliche Menge Wasser, welches
sich in einzelne Tropfen nach einiger Zeit absondert. Um das Alkarsin von diesem, so wie von einer andern schwerflüchtigeren,
nicht selbstentzündlichen, zugleich mit vorkommenden Arsenikverbindung zu trennen, ist es nöthig, die Flüssigkeit noch einmal über Kalkerde oder Baryterde zu destilliren. Aber nur
wenn diese Destillation **bei vollkommenem Ausschluss**
der **Luft vorgenommen ist, darf man überzeugt sein das** Alkarsin **rein zu erhalten.** Ich habe mich dabei des nachstehenden,
etwas umständlichen, aber, wie ich glaube, allein zum Zwecke
führenden Verfahrens bedient:

223 Die Kugel *a* eines kleinen, vor
der Lampe geblasenen Apparates (Fig. I)
wurde mit **gröblichen Stücken Aetz-**
baryt angefüllt, und dann die Kugel
zu der Spitze *d* **ausgezogen.** Nachdem die Röhre mit trocknem Wasser-
stoffgase angefüllt und die andere
Spitze *c* zugeschmolzen war, trat die
Flüssigkeit, beim Erkalten der er-

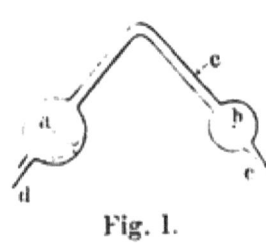

Fig. 1.

hitzten Kugel *b*, durch die Spitze *d* in die Kugel *a*, deren ausge-
zogener Theil darauf ebenfalls mit einer Löthrohrflamme verschlossen wurde. Sobald darauf die Luft durch Kochen der
Flüssigkeit aus der wiedergeöffneten Spitze *c* grösstentheils her-
ausgetrieben war, destillirte, nach abermaligem Zuschmelzen
von *c*, das reine Alkarsin in dem kühl erhaltenen Raum *b*, ohne
weitere Unterstützung von Wärme. Unterbricht man die Operation, wenn die Flüssigkeit zur Hälfte übergegangen ist, und
spült man das Destillat mehrere Male in die anfängliche Kugel
zurück, so darf man überzeugt sein, das Alkarsin vollkommen
rein zu erhalten. Es kommt jetzt nur noch darauf an, die Flüssigkeit beim Ausschluss der Luft in Glaskügelchen zu füllen.
Zu diesem Zwecke öffnet man die Spitze *d* in einem mit trockner
Kohlensäure gefüllten offenen Cylinder vermittelst einer Zange.
Man hat bei dem Eindringen der Kohlensäure den Zutritt des
atmosphärischen Sauerstoffs nicht zu befürchten, da derselbe
bei dem langsamen Durchströmen durch die rückständige, noch
nicht überdestillirte Flüssigkeit in der Kugel *a* vollkommen absorbirt wird. Nachdem man endlich die Röhre mit einem Dia-
manten bei *c* eingeritzt und vermittelst einer Sprengkohle geöff-

net hat, lässt man **das Alkarsin so schnell als möglich in** tarirte
Glaskügelchen eintreten. Diese müssen **aber** vorher mit Kohlensäure oder Wasserstoffgas gefüllt sein, **weil sonst beim** Eintreten
des [224] Alkarsins eine, von **einer kleinen Explosion** begleitete
Entzündung im Innern der **Kügelchen stattfindet.** Obgleich
diese Füllung **in sehr** kurzer **Zeit vollendet war, so zeigte** sich
doch nur in den ersten drei **Kugeln die** Flüssigkeit vollkommen
wasserhell. In den übrigen **hatte sie schon eine schwache Trübung erlitten.**

Das auf diese Weise erhaltene Alkarsin zeigt **folgende Eigenschaften :**

Es bildet ein vollkommen farbloses, wasserhelles, ätherartiges
Liquidum, welches **ein** sehr **bedeutendes** Lichtbrechungsvermögen besitzt. **Es ist specifisch schwerer als** Wasser, und **sinkt**
darin unter, ohne sich damit zu mischen. Seine Dichtigkeit ist
fast $1\frac{1}{2}$ Mal **grösser als die dieses Körpers.** Durch Vergleichung
des Gewichts eines **gleichen Volumens Wasser in** einem vorher
mit **Alkarsin angefüllten** Glaskügelchen **ergab** sich dieselbe genau **zu 1,462 bei 15° C.** Der Geruch **dieser Substanz ist** im
höchsten **Grade** widrig, und erinnert an **den des Arsenikwasser-
stoffgases. Schon in** kleinen Mengen reizt **er auf das Heftigste**
zu Thränen, und bringt **einen fast unerträglichen, sehr lange an-**
haltenden Reiz auf der Schleimhaut der **Nase hervor.** Wenn
man sich den Dämpfen längere Zeit **aussetzt, so bewirken sie**
Uebelkeit und Brustbeklemmung. Der Geruch **haftet** ausser-
ordentlich lange an Gegenständen, und ist **oft nach** Monaten
noch bemerkbar, wenn **er durch** Feuchtigkeit **wieder** hervor-
gerufen wird. In kleinen Mengen auf die Haut gebracht, bewirkt **das Alkarsin ein heftiges Jucken.** Der Geschmack **ist**
dem Geruche ähnlich, **und innerlich** wirkt es **als ein hefti-**
ges Gift. **Im** Wasser ist der Körper kaum etwas **auflöslich,**
ertheilt demselben aber **seinen** penetranten zwiebelartigen **Ge-**
ruch. Er lässt sich daher auch unter Wasser am leichtesten
aufbewahren. In **einem** offenen Gefässe **unter Wasser zieht er**
sehr langsam Sauerstoff an, und verschwindet fast vollständig,
indem er in Verbindungen zerlegt wird, die im Wasser **löslich**
sind. [225] Aether sowohl als Alkohol lösen ihn in **allen** Verhältnissen **auf.** Beim Verdünnen mit Wasser wird **er** aus dem
Alkohol wieder unverändert abgeschieden. In Kalihydrat ist
er ebenfalls zu einer braunen Flüssigkeit **auflöslich.** Auch ver-
dünnte Salpetersäure nimmt den Körper **auf,** und zwar ohne
Gasentwicklung, **welche** erst beim Erhitzen erfolgt. Mit **rother**

rauchender Salpetersäure zusammengebracht, explodirt er, unter
Bildung einer grossen glänzenden Flamme. In Chlorgas entzündet er sich ebenfalls augenblicklich von selbst, und verbrennt
mit einer gelbrothen russenden Flamme, unter Absatz von Kohle
und Bildung von Chlorarsenik und Chlorwasserstoff. Bei freiem
Zutritt der Luft oder des Sauerstoffs stösst er dicke weisse Nebel
aus, erhitzt sich, und bricht in eine fahle Flamme aus, indem
sich Wasser, Kohlensäure und arsenige Säure bilden, welche
letztere als ein weisser Rauch entweicht. Die Selbstentzündlichkeit der vollkommen von Wasser befreiten Flüssigkeit ist
bei mittlerer Temperatur der Atmosphäre so gross, dass ein zur
Erde fallender Tropfen sich entzündet, noch ehe er den Boden
erreicht. Eine ganz andere Veränderung erleidet die Flüssigkeit, wenn man sie künstlich so stark abkühlt, dass keine Entzündung eintreten kann, oder wenn man die Luft durch eine
kleine Oeffnung sehr langsam zutreten lässt. Es bildet sich dann
arsenige Säure. und eine andere organische Arsenikverbindung.
welche fest und im Wasser sehr leicht auflöslich ist. Diesen
Stoff, der sehr schön krystallisirt, werde ich in einem späteren
Abschnitte beschreiben. Der Körper löst Schwefel in allen Verhältnissen mit rother Farbe auf, und scheidet denselben in strahligen Krystallen beim Erkalten wieder aus. Ebenso bildet er
mit Phosphor eine opalisirende Auflösung, aus der sich diese
Substanz beim Erkalten wieder unverändert absetzt. Jod wird
zu einer farblosen Flüssigkeit aufgelöst, aus der sich ein weisser
krystallinischer Körper aussondert, der auf Zusatz [226] von
mehr Jod wieder verschwindet. Brom. damit in Berührung gebracht, erhitzt sich bis zur Entzündung, indem ein brauner,
flockiger Körper gefällt wird. Kalium erhält sich in der Flüssigkeit mit völlig glänzender Oberfläche. Nach einiger Zeit entwickeln sich jedoch einige Gasblasen, und die Flüssigkeit verdickt sich nach und nach zu einem weissen Magma. Erhitzt
man hingegen die Substanz mit Kalium, so findet eine Zersetzung
unter Feuererscheinung und mit Explosion statt, indem sich
Kohle auszuscheiden und Arsenikkalium zu bilden scheint. Die
Dämpfe der Substanz, in einem Glaskügelchen erhitzt, setzen
noch unter der Rothglühhitze Arsenik, aber keine arsenige Säure
ab. Die dabei gebildeten Zersetzungsprocte sind wahrscheinlich eigenthümlicher Natur. Der Siedepunkt der Substanz liegt,
nach einer Schätzung, in der Nähe von $+ 150°$ C. Die grosse
Entzündlichkeit der Alkarsindämpfe macht eine genauere Bestimmung bei der reinen Substanz unmöglich. Bis zu einer

Temperatur von — 23° C. bleibt der Körper vollkommen klar und flüssig. Einige Grade darunter gefriert er durch seine ganze Masse zu kleinen, seidenglänzenden, krystallinischen Schüppchen. Mit Sublimatauflösung digerirt, verschwindet er nach und nach unter Bildung eines weissen copiösen Niederschlags, der sich beim Kochen, unter Zurücklassung von Quecksilberchlorür, wieder zu einer Flüssigkeit auflöst, welche beim Erkalten eine eigenthümliche Verbindung in seidenglänzenden, krystallinischen Schüppchen absetzt, die im Wasser ziemlich schwer auflöslich und an der Luft beständig sind. Quecksilberoxyd und salpetersaures Quecksilberoxydul werden, in Berührung mit der Substanz, reducirt.

Die Verhältnisse, unter denen das Alkarsin sich bildet, beweisen, dass er keinen Stickstoff enthält, und die Abwesenheit von Sauerstoff [1] lässt sich ebenfalls aus dem Verhalten desselben gegen Kalium und aus seiner Zersetzung bei erhöhter Temperatur, so wie namentlich aus 227 dem später anzuführenden specifischen Gewichte seines Dampfes mit fast gleicher Gewissheit abnehmen. Betrachtet man daher das Alkarsin als eine Verbindung von Kohlenstoff, Wasserstoff und Arsenik, so bietet seine Elementaranalyse keine Schwierigkeiten dar, indem man die beiden ersteren Stoffe mittelst des *Liebig*'schen Apparates, und den letzteren aus dem Verluste leicht bestimmen kann. Bei der Verbrennung mit Kupferoxyd wird der Wasserstoff und Kohlenstoff zuerst oxydirt, und das Arsenik bleibt grösstentheils in Substanz und als Legirung mit Kupfer im Verbrennungsrohr, in Gestalt kleiner glänzender Krystalle, zurück, ohne dass die mindeste Spur in dem vorderen erkalteten Theile der Röhre oder gar in dem Chlorcalciumapparate sich absetzte. Nur ein kleiner Theil pflegt zu arseniger Säure und arsenigsaurem Kupferoxyd verbrannt zu sein.

Obgleich man wohl kaum einen Zweifel über die Abwesenheit des Sauerstoffs im Alkarsin hegen kann, so schien es mir doch von Interesse, diesen Umstand noch durch eine directe Arsenikbestimmung zu bestätigen. Die Versuche, welche ich in dieser Absicht unternommen, haben zwar zu keinem Resultate geführt, da man bei denselben mit fast unüberwindlichen Schwierigkeiten zu kämpfen hat. Dessen ungeachtet glaube ich ihrer Erwähnung thun zu müssen, weil sie darauf hindeuten, dass der Arsenikgehalt dieser Substanz sich in jener innigeren Vereinigung mit den übrigen Bestandtheilen befindet, welche sich in der Verbindungsweise der sogenannten organischen Stoffe ausspricht.

Sie beweisen nämlich, dass sich eine vollständige Oxydation des
Arseniks nur in der Glühhitze bewerkstelligen lässt. Verbrennt
man z. B. die Substanz im Chlorgase, so wird der Arsenikgehalt zwar grösstentheils als Chlorarsenik, unter Absatz von
Kohle, ausgeschieden, fällt man aber die mit Wasser verdünnte
Flüssigkeit durch Schwefelwasserstoff, unter Beobachtung
der dabei nöthigen Vorsichtsmaassregeln, und verraucht sie,
228 so bleibt ein Rückstand, der, obgleich Schwefelwasserstoff darin, kein Arsenik mehr nachweist, doch beim Glühen
noch ein beträchtliches Quantum Arsenik liefert. Bei der Verbrennung in einem Gemenge von Chlor und Sauerstoff, welche
ohne Ausscheidung von Kohle vor sich geht, findet ein ganz
gleiches Verhalten statt. Selbst rauchende Salpetersäure bewirkt keine vollständige Oxydation des Arseniks. Ich schloss
ein mit Alkarsin gefülltes Glaskügelchen in den einen Schenkel
einer, zu einem stumpfen Winkel gebogenen Glasröhre ein, in
deren anderem Schenkel sich rothe rauchende Salpetersäure befand. Nachdem das Kügelchen gesprengt, wurde durch eine
Neigung der hermetisch verschlossenen Röhre die Salpetersäure
mit dem Alkarsin in Berührung gebracht, wobei die Oxydation
unter sehr lebhafter Feuererscheinung vor sich ging. Die Röhre
wurde darauf unter rauchender Salpetersäure geöffnet, um die
gebildeten Gase entweichen zu lassen, und die darin befindliche
Flüssigkeit so lange mit Salzsäure im Kochen erhalten, bis die
Salpetersäure vollständig zerstört war. Sie lieferte 64,2 Procent
Arsenik, enthält aber auch eine namhafte Menge nicht durch
Schwefelwasserstoff fällbares Arsenik, in Verbindung mit organischen Substanzen. So auffallend es auf den ersten Blick auch
erscheint, dass ein für sich und in seinen unorganischen Verbindungen so leicht oxydirbarer Stoff, wie das Arsenik, in seiner
Verbindung mit dem Kohlenstoff und Wasserstoff der vollständigen Verbrennung so hartnäckig widersteht, so bieten doch
auch andere Substanzen ein ganz analoges Verhalten dar. Der
Wasserstoff z. B., ein gewiss für sich nicht schwieriger oxydirbarer Körper, als das Arsenik, geht als Bestandtheil in organische Verbindungen ein. die bei ihrer, selbst mit Feuererscheinung
begleiteten Verbrennung in Chlor oder Sauerstoff, ausser Kohlensäure und Wasser, oder Kohle und Chlorwasserstoff, auch noch
empyreumatische wasserhaltige Zersetzungsproducte liefern **229**
würden. Die Oxydation in der Glühhitze in einem Verbrennungsrohre lässt sich ebenfalls nicht mit Genauigkeit ausführen.
Wendet man Kupferoxyd an, so schmilzt das gebildete arsenig-

saure Kupferoxyd mit dem Glase zusammen, und bei der Anwendung von chromsaurem Kali entsteht zum Theil in Säuren völlig unauflösliches arseniksaures Chromoxyd. Gemenge von chlorsaurem Kali oder salpetersaurem Natron mit Glaspulver oder kohlensaurem Natron, in den verschiedensten Verhältnissen, bewirken entweder eine unvollständige Oxydation oder eine plötzliche mit heftiger Explosion begleitete Verbrennung. Eine schwere Verletzung des Auges, die ich mir in Folge dieser Versuche zugezogen, hat mich abgehalten, diesen Gegenstand weiter zu verfolgen.

Bei den nachstehenden, mit dem *Liebig*'schen Apparate vorgenommenen Bestimmungen des Kohlenstoffs [2]) wurde ein Alkarsin von drei verschiedenen Darstellungen benutzt. Dasselbe war in Glaskügelchen mit fast 3 Zoll langen Spitzen gefüllt, die aus dem Grunde jedesmal vor dem Eindringen in das Verbrennungsrohr geöffnet wurden, weil beim Zersprengen derselben leicht eine Explosion entsteht, wenn die Alkarsindämpfe mit erhitzter Luft und erhitztem Kupferoxyd plötzlich in Berührung kommen.

I. Versuch: 1,0215 g Alkarsin gaben 0,831 g Kohlensäure und 0,478 g Wasser, welche 22,495 Proc. Kohlenstoff und 5,191 Proc. Wasserstoff entsprechen.

II. Versuch: 0,723 g Alkarsin lieferten 0,586 g Kohlensäure und 0,375 g Wasser. Demgemäss würde der Stoff 22,411 Proc. Kohlenstoff und 5,755 Proc. Wasserstoff enthalten.

III. Versuch: 1,7545 g der Substanz gaben 1,428 g Kohlensäure und 0,884 g Wasser, oder 22,506 Proc. Kohlenstoff und 5,59 Proc. Wasserstoff.

IV. Versuch: derselbe Versuch mit 1,1217 g wiederholt, gab 0,8604 g Kohlensäure und '230' 0,5257 Wasser, welche 21,209 Proc. Kohle und 5,207 Proc. Wasserstoff entsprechen.

Betrachtet man daher den Verlust als Arsenik, so ergiebt sich die Zusammensetzung des Alkarsins in der nachstehenden übersichtlichen Zusammenstellung:

	I.	II.	III	IV.
Kohlenstoff	22,50	22,41	22,51	21,21
Wasserstoff	5,19	5,75	5,75	5,21
Arsenik	72,31	71,84	71,74	73,58
	100,00	100,00	100,00	100,00

Nimmt man diesen Versuchen zufolge 2 At. Kohlenstoff, 6 At. Wasserstoff und 1 At. Arsenik in der Verbindung an, so erhält man folgende, der gefundenen sehr nahe kommende theoretische Zusammensetzung:

Kohlenstoff	2 At. = 152,87	23,15
Wasserstoff	6 At. = 37,44	5,67
Arsenik	1 At. = 470.04	71.18
	660.35	100,00.

Bei den Versuchen II und III war die reinste Substanz angewandt, bei Versuch I und IV hingegen eine nicht mit derselben Sorgfalt bereitete. Sieht man daher die Versuche II und III als die richtigsten an, so ergiebt sich zwischen dem berechneten und gefundenen Resultate eine Uebereinstimmung, welche bei den Schwierigkeiten, die einer genaueren Analyse entgegenstehen, als genügend betrachtet werden kann. Das Alkarsin ist daher der gefundenen empirischen Formel $C_2 H_6 As$ zufolge, eine dem Alkohol oder Mercaptan entsprechende Arsenikverbindung, in welcher Sauerstoff oder Schwefel durch Arsenik vertreten wird.

Vergleicht man die gefundene Zusammensetzung des Alkarsins mit der Entstehungsart derselben, so würde es als ein sehr complicirtes Zersetzungsproduct betrachtet werden müssen, wenn man seine Bildung aus einer [231] unmittelbaren Einwirkung der arsenigen Säure auf die Essigsäure oder auf den erzeugten Brenzessiggeist abzuleiten versuchte. Dahingegen verschwinden alle Schwierigkeiten, wenn man annimmt, dass die arsenige Säure aus dem wasserfreien essigsauren Salze die Säure auszutreiben sucht, diese sich aber, in Ermanglung des für ihre Existenz nöthigen Wassergehalts, mit Arsenikwasserstoff verbindet, dessen Bildung in der Einwirkung des reducirten Arseniks auf das gebildete kohlensaure Kali seinen hinlänglichen Grund findet.

Um das Alkarsin zu bilden, würden alsdann 1 At. wasserfreie Essigsäure 4 At. Arsenikwasserstoff aufnehmen müssen, während sich 3 At. Wasser und 2 At. Arsenik aus der Verbindung ausschieden. Mag diese Ansicht den wirklich von der Natur befolgten Weg bezeichnen, oder mag man sie nur als eine Vorstellungsweise betrachten, so besitzt sie doch immer den Vorzug der grössten Einfachheit.

Fände es sich, dass das Alkarsin mit dem Alkohol ebenfalls gleiche rationelle Zusammensetzung besässe, so würde man mit grosser Wahrscheinlichkeit hoffen dürfen für das Heer von interessanten Stoffen, welche der Alkohol liefert, eben so viele entsprechende Arsenikverbindungen aufzufinden. Die Vergleichung des specifischen Gewichts des Alkarsindampfes mit dem Dampfe des Alkohols und Mercaptans schien mir daher zunächst von nicht geringem Interesse. Es ist beim Alkarsin unmöglich, die *Dumas*'sche Bestimmungsmethode zu diesem Zwecke in Anwendung zu bringen, indem der geringste Luftzutritt die Resultate völlig unbrauchbar machen würde. Ich habe daher zu dem *Gay-Lussac*'schen Verfahren meine Zuflucht nehmen müssen, obgleich dasselbe für Flüssigkeiten mit höherem Kochpunkte nicht die Genauigkeit zulässt, wie jenes. Der Versuch ergab folgende Resultate:[3]

[232] Menge der Flüssigkeit im Glaskügelchen $\quad$ 0,28 g
Temperatur des Dampfes $\qquad\qquad\qquad$ 195°,5 C.
Gemessenes Dampfvolumen bei dieser Tempe
$\quad$ratur $\qquad\qquad\qquad\qquad\qquad\qquad\qquad$ 62,3 ccm
Barometerstand bei $+ 9°$ C. $\qquad\qquad\qquad$ 745 mm
Quecksilberstand über dem Niveau der Wanne
$\quad$in der Messglocke, bei 195°,5 C. $\qquad\qquad$ 92,9 mm
Nach dem Versuche in der Glocke zurückgeblie
$\quad$benes Luftbläschen, bei 0° und 0,76 $\qquad$ 0,9 ccm

Lässt man die Ausdehnung des Messgefässes bei 195°,5 C. unberücksichtigt, indem man sie approximativ gegen die nicht genauer bestimmbare Ausdehnung compensirt, welche durch die Tension der Quecksilberdämpfe bei 195°,5 C. im Dampfvolumen bewirkt wurde, so erhält man als specifisches Gewicht des Dampfes 6,516 (O = 1), welches dem durch Summation der Atomgewichte der Bestandtheile gefundenen Aequivalente der Substanz 6,603 so nahe kommt, als man nur immer bei den Schwierigkeiten des Versuches erwarten kann. Da nun nach diesem Versuche die Verdichtung der Bestandtheile mit der im Alkohol nicht übereinstimmt, so schien es mir besonders deshalb von Interesse, auch eine Vergleichung mit dem Mercaptandampfe vornehmen zu können, weil das chemische Verhalten des Alkarsins auf eine grössere Analogie mit diesem Körper hinzudeuten scheint. Da *Zeise*, so viel ich mich erinnere, das specifische Gewicht des Mercaptangases nicht angiebt, so habe ich dasselbe nach dem *Gay-Lussac*'schen Verfahren bestimmt, und in Folge der nachstehenden Angaben, zu 2,11 *) O = 1, also ebenfalls nicht

---

*) Nach den Atomenzahlen berechnet würde das specifische Gewicht 2,0198 betragen müssen.

der beim Alkarsin stattfindenden Verdichtung entsprechend, gefunden.

Im Glaskügelchen enthaltene Flüssigkeit	0,029 g
Gemessenes Dampfvolum, bei + 10° C.	25,8 ccm
233] Barometerstand bei + 10° C.	746,5 mm
Quecksilberhöhe in der Messglocke	89 mm.

Demnach würden sich die Bestandtheile des Alkarsins in einer doppelt so grossen Verdichtung befinden als beim Alkohol und Mercaptan. Die Aussicht, dieselbe Uebereinstimmung im chemischen Verhalten dieser Substanzen wiederzufinden, welche sich in ihrer empirischen Zusammensetzungsformel ausspricht, ist daher nicht gross.

Uebersichtlich mögen hier noch die empirischen Formeln dieser drei verwandten Substanzen ihren Platz finden:

$$C_2 H_6 O \quad \text{Alkohol}$$
$$C_2 H_6 S \quad \text{Mercaptan}$$
$$C_2 H_6 As \quad \text{Alkarsin.}$$

Ueberblicken wir endlich zum Schluss die Verhältnisse, unter denen das Alkarsin erzeugt wird, so können wir nicht umhin, mit der Aussicht auf die Entdeckung noch mehrerer hierher gehöriger Substanzen, auch noch die Hoffnung zu verbinden, vielleicht bald auf diesem Wege neue und wichtige Aufschlüsse über die Rolle zu erhalten, welche der Stickstoff in den organischen Verbindungen spielt. Denn kaum dürfte es zu bezweifeln sein, dass man unter diesen arsenikhaltigen Verbindungen nicht auch solche antreffen sollte, die sich mit entsprechenden stickstoffhaltigen parallelisiren liessen, und die daher ein neues Licht über diesen noch so verwickelten Theil der Wissenschaft werfen würden. Auch die Aussicht, ähnliche Phosphorverbindungen aufzufinden, liegt nicht fern. Die Schwierigkeiten und Unbequemlichkeiten dieser Untersuchungen werden mich nicht abhalten, diesem Gegenstande diejenige Aufmerksamkeit zu widmen, welche seine Wichtigkeit zu verdienen scheint. Zunächst behalte ich mir vor, im folgenden Abschnitte dieser Arbeit eine Substanz abzuhandeln, die aus der directen Einwirkung des Sauerstoffs auf das Alkarsin hervorgeht, und die nicht minder beachtenswerthe Eigenschaften zeigt, als der eben betrachtete Körper.

145. Der erste Abschnitt dieser Arbeit beschäftigte sich mit der Untersuchung des Alkarsins, einer Substanz, welche, durch die Einfachheit ihrer Zusammensetzung eben so sehr als durch die Eigenthümlichkeiten ihres Verhaltens beachtenswerth, zugleich als erstes Beispiel einer Verbindung dasteht, in der Arsenik die Rolle eines der organischen Bestandtheile übernimmt. Schon damals bot sich die Gelegenheit dar, auf einige Zersetzungsproducte dieser Arsenikverbindung hinzuweisen, welche ein bisher noch nicht betretenes, vielleicht sehr umfassendes Feld für neue Untersuchungen eröffnen dürfte. Unter diesen Producten verdient derjenige Stoff zuerst erwähnt zu werden, welcher aus der directen Einwirkung von Sauerstoff auf Alkarsin hervorgeht, und den ich in Beziehung auf seine Entstehungsart mit dem Namen Alkargen belege.

Es wird vielleicht nützlich sein, wenn die Untersuchung der übrigen hierhergehörigen Verbindungen beendigt, und der rationelle Zusammenhang, der unter ihnen obwaltet, ermittelt ist, manche der gewählten Benennungen mit passenderen zu vertauschen, die indessen, einer rationellen Betrachtungsweise vielleicht mehr entsprechend, doch gewiss bald wieder, bei der rasch fortschreitenden Erweiterung unserer Ansichten, Werth und Bedeutung verlieren würden.

146. <h3 style="text-align:center">Zweite Abtheilung.</h3>

Vom Alkargen, seiner Darstellung, seinen Eigenschaften und seiner Zusammensetzung.

Da man bei der Darstellung des Alkargens mit grossen Quantitäten der *Cadet*'schen Flüssigkeit zu arbeiten gezwungen ist, dürfte es nicht unpassend sein, bevor ich die dabei befolgte Methode weiter erörtere, Diejenigen, welche sich nach mir mit Untersuchung über diesen Gegenstand beschäftigen sollten, auf einige Vorsichtsmaassregeln aufmerksam zu machen, deren Befolgung auf das Dringendste bei der Handhabung dieser Stoffe zu empfehlen ist. Wer auch nur mit kleinen Quantitäten Alkarsin gearbeitet hat, dem wird es nicht entgangen sein, wie nöthig es ist, die Versuche im Freien vorzunehmen, indem in einem geschlossenen Raume der Geruch bald bis zur Unerträglichkeit gesteigert wird, und mannigfaltige Unbequemlichkeiten zur Folge hat. Vor Allem aber macht es die grosse Selbstentzündlichkeit des Alkarsins erforderlich, bei den Versuchen ein Gefäss mit Wasser stets zur Hand zu haben. Die geringste

Menge dieser Substanz entzündet sich fast momentan an der Luft, und bewirkt dabei, mit Theilen des Körpers in Berührung gebracht, Brandwunden, die äusserst gefährlich sind, indem das Alkarsin noch giftiger wirkt, als selbst die arsenige Säure, wovon ich mich durch Versuche an Thieren überzeugt habe. Erhitzt sich die Flüssigkeit nur auf der Haut, ohne sich zu entzünden, so entsteht eine Röthung und leichte Entzündung, die durch Umschläge von essigsaurem Eisenoxyd leicht zu entfernen sind. Die enorme Entzündlichkeit dieses Stoffes macht es ohnehin sehr schwierig, grössere Mengen desselben aus einem Gefässe in das andere überzufüllen. Es ist daher am bequemsten, die über Kalk in einer doppelt tubulirten Vorlage destillirte Flüssigkeit in dieser selbst aufzubewahren.

147 Um sie vorkommenden Falls in andere Gefässe überzufüllen, habe ich mich einer kleinen Retorte bedient, deren Hals vor der Lampe zu einer langen Spitze ausgezogen und die mit Kohlensäure angefüllt war. Nachdem man dieses Gas zum Theil durch Erwärmen ausgetrieben, und die Spitze durch eine kleine Öffnung der tubulirten Vorlage in das Alkarsin gesteckt hat, tritt dasselbe in die Retorte ein, und lässt sich dann leicht durch abermaliges Erwärmen des Retorten-Bauches in andere Gefässe überfüllen. Nie darf man versäumen, die Retorte vorher mit Kohlensäure anzufüllen, indem man diese durch die Spitze zwei bis drei Mal durch Erwärmen aus- und eintreten lässt. Versäumt man diese Vorsicht, so findet im Innern des Gefässes eine Entzündung statt, bei der dieselbe nicht selten zertrümmert und das brennende Alkarsin umhergeschleudert wird. Ich habe mich von der Nothwendigkeit dieser Vorsichtsmaassregeln mehr als einmal zu überzeugen Gelegenheit gehabt, aber auch die Ansicht dabei gewonnen, dass bei einiger Vorsicht diese Untersuchungen vollkommen gefahrlos sind, und dass selbst das Einathmen dieser fast unerträglichen arsenikalischen Gerüche, soweit es nicht zu vermeiden, ohne bleibende Nachtheile für die Gesundheit ist — ein Grund mehr, diese interessanten Stoffe einer Dunkelheit zu entziehen, zu der sie eine übertriebene Furcht der Chemiker verurtheilt zu haben scheint.

· Bei der Darstellung des Alkargen muss man besonders darauf bedacht sein, den Sauerstoff anfangs sehr langsam zutreten zu lassen. Später ist es nicht erforderlich, diese Vorsicht anzuwenden, indem die Oxydation in dem Wasser schwieriger von Statten geht, als der Gehalt an Alkargen in der Flüssigkeit

zunimmt. Anfangs scheiden sich sehr schöne Krystalle von Alkargen aus, die man indessen wegen der grossen Selbstentzündlichkeit des sie umgebenden Alkarsins nicht mechanisch trennen
kann. Nach und nach verdickt sich die ganze [148] Flüssigkeit
zu einer weissen körnigen Masse, die einen Stich ins Braune zeigt,
der um so tiefer ist, je schneller man die Oxydation bewirkte.
Ausser dem Alkargen entsteht bei dieser Oxydation noch ein
unerträglich riechender, in Wasser leichtlöslicher ätherartiger
Stoff, den ich vorläufig, der Kürze wegen, Hydrarsin [1] nennen
will, und eine kleine Menge arseniger Säure, deren Bildung indessen fast vollständig vermieden werden kann, wenn man den
Sauerstoff möglichst langsam zutreten lässt. Die · erhaltene
bräunliche Masse löst sich in allen Verhältnissen, mit Zurücklassung der etwa gebildeten arsenigen Säure, im kalten Wasser
auf. Man trennt die Säure durch Filtration, und dampft die
Auflösung im Wasserbade so lange ab, bis sie beim Erkalten zu
einer festen Masse gesteht. Diese ist vollständig in absolutem
Alkohol auflöslich, der beim Erkalten das Alkarsin in Krystallen
absetzt, die indessen noch mit einer Quantität Hydrarsin und
etwas arseniger Säure verunreinigt sind. Man sammelt sie auf
einem kleinen Filter, und wäscht sie einige Male mit kleinen
Mengen absoluten Alkohols aus, welcher das Hydrarsin leichter
aufnimmt als Alkargen. Das Auswaschwasser vereinigt man
mit der anfänglichen Mutterlauge, aus der man, durch eine zweimalige gleiche Behandlung, noch eine beträchtliche Menge un-
reines Alkargen erhält. Von einem grossen Theile des Hydrar-
sins kann man die Krystalle durch Auspressen zwischen
Löschpapier, oder dadurch befreien, dass man sie wiederholt im
Wasser auflöst und im Wasserbade zur Trockenheit abraucht,
wobei das beigemengte Hydrarsin mit den Wasserdämpfen grösstentheils entweicht. Um die letzten Antheile der arsenigen Säure
von den Krystallen zu trennen, behandelt man ihre Auflösung
mit Eisenoxydhydrat in der Kälte. Die filtrirte Flüssigkeit enthält dann zwar etwas Eisenoxyd in Auflösung; dampft man sie
indessen ab, so scheidet sich ein Theil desselben wieder aus, ein
anderer Theil bleibt [149] in der alkoholischen Auflösung, wenn
man die Substanz einer wiederholten Krystallisation unterwirft.
Diese muss drei bis vier Mal vorgenommen werden, um jede Verunreinigung zu vermeiden. Da das Alkargen aus einer hydrar-
sinhaltigen Mutterlauge schwer krystallisirt, so habe ich bei
einem Theile des für die nachstehende Untersuchung bereiteten
Körpers diese Substanz gleich anfangs durch Pressen des oxy-

dirten Alkarsins zwischen mehreren Lagen Filtrirpapier grösstentheils entfernt, und dann das erhaltene, fast weisse Alkargen,
durch Behandeln mit Eisenoxydhydrat und absolutem Alkohol,
vollends auf die angegebene Weise gereinigt. Diese Methode
gewährt den Vortheil, dass man dabei Hydrarsin zugleich gewinnen kann, und nicht so sehr von den Dämpfen dieser letzteren
Substanz belästigt wird.

Vollkommen reines Alkargen zeigt folgende Eigenschaften
Es bildet spröde, glasglänzende, vollkommen durchsichtige,
farblose oder weisse, sehr nett ausgebildete Krystalle. Aus der
Lage und Combination der Flächen ergiebt sich, dass sie einem
trimetrischen Systeme. nach *Hausmann*, angehören. Sie bilden
geschobene vierseitige Säulen mit ungleicher, gegen die Seitenflächen schräg eingesetzter Zuschärfung. Da sie kein besonderes Interesse darbieten, habe ich es für überflüssig gehalten,
ihre Grundform zu berechnen. Lage und Grösse der Winkel ist
folgende (siehe Taf. I Fig. 8):

$$a - d = 123^\circ\ 32' \qquad d - f = \ \ 97^\circ\ 27'$$
$$a' - d' = 116\ \ 30 \qquad d - f' = \ 82\ \ 25$$
$$f - a = \ \ 85\ \ 23 \qquad a - a' = 119\ \ 52$$
$$f' - a' = \ \ 94\ \ 45.$$

Beachtenswerth ist die grosse Annäherung des Winkels,
welchen die Zuschärfungsflächen mit einander bilden, an 120°,
die man bei den anisometrischen Systemen nicht selten antrifft,
ohne einen Grund dafür angeben zu können.

Die Krystalle sind vollkommen geruchlos. und [150 zeigen einen kaum bemerkbaren Geschmack. An trockner Luft
sind sie beständig, an feuchter zerfliessen sie; Wasser und sehr
verdünnter Alkohol löst sie in allen Verhältnissen auf, absoluter
ebenfalls, aber in geringerem Verhältniss, und setzt beim Erkalten oder freiwilligen Verdunsten sehr deutliche und grosse
Krystalle wieder ab. Wasserhaltiger Aether löst eine geringe
Menge davon auf. die sich beim freiwilligen Verdunsten in feinen schillernden Krystallblättchen wieder aussondert; wasserfreier hingegen nimmt nichts davon auf, sondern fällt sie aus
ihrer alkoholischen Auflösung. Sie besitzt eine sehr schwach
saure Reaction und scheint sich mit Basen verbinden zu können.
Diese Verbindungen sind indessen so unbeständig, dass man sie
nicht in fester Gestalt erhalten kann. Mit Alkalien und alkali-
schen Erden bildet sie eine gummiartige Masse, ohne Anzeigen
von Krystallisation. Mit Eisenoxydhydrat gekocht, entsteht eine

braune, eisenoxydhaltige Auflösung, die beim Abdampfen wieder zersetzt wird. Kupferoxydhydrat wird davon in grösserer Menge aufgenommen, und bildet eine blaue Solution, die, im luftleeren Raume verdampft, eine blaue extraktartige Masse hinterlässt. Schon beim Kochen dieser Lösung findet eine Zersetzung statt, indem sich höchst fein zertheiltes Kupferoxyd ausscheidet, das durch Filtriren nicht getrennt werden kann. Mit Säuren vereinigt sich das Alkargen nicht, direct namentlich geht Schwefelsäure keine Verbindung damit ein. Bringt man diese Substanz im wasserfreien oder wasserhaltigen Zustande damit zusammen, und behandelt man die in Wasser aufgelöste Masse mit kohlensaurem Baryt, so krystallisirt das Alkargen, ohne mit Schwefelsäure sich verbunden zu haben, unverändert aus. Salpetersäure, selbst rauchende, und sogar Königswasser bewirkt keine vollständige Oxydation. Verdünnt man die bis zur Zerstörung der Salpetersäure gekochte Auflösung mit Wasser, und leitet man wiederholt einen Strom [151] Schwefelwasserstoff hindurch, so bleibt stets eine durch dieses Gas nicht fällbare Arsenikverbindung in Auflösung, deren Arsenikgehalt sich erst beim Glühen zu erkennen giebt. Das Alkargen zeigt also auch in dieser Beziehung ein den organischen Verbindungen analoges Verhalten, welches meistens, wie der Indigo, der Zucker, das Gummi u. s. w., unter dem Einflusse dieser oxydirenden Substanz eigenthümliche Zersetzungsproducte bilden. Dass solche Producte auch beim Alkargen entstehen, und dass ihre Untersuchung vielleicht auf interessante Resultate führen dürfte, ist nicht unwahrscheinlich. Leider aber war die mir zu Gebote stehende Menge der Substanz nicht hinreichend, um die Untersuchung auch nach dieser Richtung hin auszudehnen.

Der Stoff lässt sich, ohne eine Veränderung zu erleiden, bis zu 200° C. erhitzen; bei dieser Temperatur schmilzt er zu einem ölartigen Liquidum, das erst bei 90° C. wieder zu einer krystallinisch strahligen Masse gesteht. Während des Schmelzens findet schon eine theilweise Zersetzung statt, die sich durch eine schwache braune Färbung, und durch einen stechenden arsenikalischen Geruch zu erkennen giebt. Bis zu 230° C. und darüber erhitzt, wird die Substanz völlig zersetzt, bräunt sich anfangs, färbt sich immer dunkler, stösst dabei nach Alkarsin riechende Dämpfe aus, und setzt metallisches Arsenik und arsenige Säure ab. Dass auch hier besondere Zersetzungsproducte entstehen, dürfte wohl kaum zu bezweifeln sein.

Unter dem Einflusse stark desoxydirend wirkender Substanzen

erleidet das Alkargen eine sehr merkwürdige Zersetzung,
auf die ich später noch einmal zurückkommen werde, wenn die
Zusammensetzung desselben näher betrachtet worden. Bringt
man z. B. Zinnchlorür mit einer Auflösung von Alkargen zusammen, so entsteht beim schwachen Erwärmen eine milchige
Trübung, die sich bald zu ölartigen Tropfen ansammelt. Diese
[152 Tropfen stossen an der Luft dicke weisse Nebel aus, erhitzen sich dabei, und besitzen den eigenthümlichen Geruch und
alle übrigen Eigenschaften des Alkarsins. Phosphorige und
phosphatische Säuren bringen dieselben Erscheinungen, besonders beim Erhitzen hervor. Man kann dies Verhalten sehr vor-
theilhaft benutzen, um die Gegenwart kleiner Mengen von Alkargen zu erkennen, indem man die dasselbe enthaltende Auflösung mit phosphoriger Säure, oder noch besser mit Zinnchlorür
kocht, wobei der durchdringende Alkarsingeruch sogleich hervortritt. Schwefelwasserstoff bringt weder für sich noch bei
Gegenwart von freier Chlorwasserstoffsäure die geringste Spur
einer Fällung von Schwefelarsenik in den Auflösungen des Alkargens hervor. Dagegen ensteht eine milchige Trübung, die
sich bei Erwärmen zu ölartigen Tropfen ansammelt. Diese besitzen einen vom Alkarsin durchaus verschiedenen, mehr lauch-
artigen Geruch. Die nähere Betrachtung dieser Substanz über-
gehe ich für jetzt. Andere schwächer desoxydirend wirkende
Stoffe, z. B. schwefelsaures Eisenoxydul, schweflige Säure,
Oxalsäure u. a. m., äussern diese desoxydirenden Wirkungen nicht.

Eben so zeigt das Alkargen ein in toxikologischer Beziehung
sehr merkwürdiges Verhalten. Obgleich es mehr als 78 Procent
Arsenik und Sauerstoff in demselben relativen Verhältniss enthält, wie sie in der Arseniksäure vorhanden sind, zeigt es dessen
ungeachtet gar keine, oder doch nur höchst unbedeutende giftige Eigenschaften. Frösche, denen kleine Mengen dieser Substanz, selbst bis zu einem Gran, beigebracht waren, blieben
mehrere Tage gesund und starben erst längere Zeit darauf. Erwägt man nun, dass die zu dem Versuche benutzten Thiere eine
grosse Empfindlichkeit gegen die metallischen Gifte zeigen, dass
schon $\frac{1}{10}$ Gran aufgelöster arseniger Säure bei denselben nach
weniger als einer Stunde ein Erlöschen der Lebenskraft nach
sich zieht, [153] wobei selbst die Erregbarkeit der Muskeln
durch den galvanischen Strom nach zwei Stunden schon verschwindet, so wird man das Alkargen nicht für eine giftige Substanz erklären können. Dieses unerwartete Verhalten steht

übrigens in vollkommenem Einklange mit einer allgemeinen, aber weniger beachteten Thatsache, die sich in den pharmakodynamischen Eigenschaften der organischen Stoffe ausspricht, und in der eines der unterscheidenden Merkmale begründet ist, welche diese unter dem Einflusse der Lebenskraft erzeugten Substanzen vor den unorganischen voraus haben. Treten nämlich Stoffe zu unorganischen Verbindungen zusammen, so werden dadurch ihre pharmakodynamischen Eigenschaften nur modificirt, aber nicht aufgehoben; vereinigen sie sich hingegen zu organischen, so gehen diese Eigenschaften verloren. Das Kupfer, das Quecksilber, das Blei, das Baryum verlieren ihre Wirkungen nicht, welche auch die lösliche Verbindung sein möge, in der sie sich befinden. Kohlenstoff, Wasserstoff, Sauerstoff und Stickstoff hingegen, die im Strychnin oder Emetin die heftigsten Gifte bilden, erscheinen im Kleber und Eiweiss als vollkommen unschädliche Stoffe. Eine sehr schöne Bestätigung findet diese Thatsache im Alkargen. Arsenik ist darin, gleichsam durch organische Verwandtschaft gebunden, zum unschädlichen Stoffe geworden.

Die Analyse des Alkargens bietet keine Schwierigkeiten dar. Wasserstoff und Sauerstoff lassen sich sehr genau nach der *Liebig*'schen Methode ermitteln; der Arsenikgehalt hingegen erfordert eine getrennte Bestimmung. Bei dem ersten Versuche wurde eine Substanz benutzt, die drei Mal umkrystallisirt war. Zu dem zweiten, der mit möglichst grosser Vorsicht angestellt wurde, diente eine vier Mal umkrystallisirte. In beiden Fällen war dieselbe bei 109° C. in einem entwässerten Luftstrome getrocknet.

[154]   No. I.

Menge des angewandten Alkargens	0,4556 g
Erhaltene Kohlensäure	0,2597 g
Erhaltenes Wasser	0,1997 g

No II.

Menge des angewandten Alkargens	0,9398 g
Erhaltene Kohlensäure	0,5768 g
Erhaltenes Wasser	0,4116 g

Der letztere Versuch war mit besonderer Sorgfalt und mit sehr reinem Alkargen angestellt. Das Arsenik hatte sich zum Theil in Substanz im kälteren Theile des Verbrennungsrohrs sublimirt, zum Theil befand es sich als Arsenikkupfer, hauptsächlich aber als arseniksaures Kupferoxyd darin. Im Chlorcalcium zeigte sich keine Spur davon.

Was die Bestimmung des Arseniks anbelangt, so ist es mir
nicht gelungen, dasselbe von der grossen Menge Kupferoxyd,
mit dem es im Verbrennungsrohre gemengt ist, mit Genauigkeit
zu trennen. Die in den Lehrbüchern der analytischen Chemie
angegebene Scheidungsmethode durch schwefelwasserstoffsaures
Ammoniak ist völlig unbrauchbar, da das Schwefelkupfer,
welche Vorsichtsmaassregeln man auch anwenden mag, in diesem Körper nicht ganz unlöslich ist. Durch Eisen lässt sich
das Kupfer ebenfalls nicht abscheiden, da auch Arsenik durch
diese Substanz reducirt wird. Eine andere Methode, die ich
versuchte, gelang ebenfalls nicht vollständig. Mit Cyanwasserstoffsäure nämlich versetzt und in Kali aufgelöst, verliert das Kupferoxyd die Eigenschaft, durch Schwefelwasserstoff gefällt zu werden, indem sich Cyankupferkalium
bildet. Die grosse Menge Cyanwasserstoffsäure indessen,
welche bei dieser Scheidung erforderlich ist, so wie die Einwirkung, welche der Schwefelwasserstoff auf die Cyanwasserstoffsäure ausübt, machen diese [155] Methode unpraktisch. Besser gelingt die Scheidung, nach *Stromeier's* Vorschlag, durch
schwefelwasserstoffsaures Kali, unter Beobachtung der bekannten Vorsichtsmaassregeln. Indessen gelang es mir auf diesem
Wege ebenfalls nicht, eine g e n a u e Trennung zu erhalten. Es
blieb mir daher nichts weiter übrig, als die Oxydation mit
chlorsaurem Kali zu bewirken. Dieser Versuch ist mit Gefahr
verbunden, wenn man nicht einen sehr grossen Ueberschuss des
Oxydationsmittels, etwa die 60 bis 80 fache Menge, dabei anwendet, damit nicht die bei dem Erhitzen des Alkargens freiwerden-
den brennbaren Gase in einem solchen Verhältnisse mit dem
zugleich entweichenden Sauerstoff gemischt sind, dass eine Explosion entstehen kann. 0,313 g bei 100° getrocknetes Alkargen wurden auf die angegebene Weise oxydirt, in chlorwasser-
stoffsäurehaltigem Wasser aufgelöst, und so lange mit Schwefelwasserstoff behandelt, bis beim Stehen an der Luft kein
Schwefelarsenik mehr ausgeschieden wurde. Die erhaltene
Menge des Niederschlags betrug 0,352 g. 0,318 g dieser
Fällung mit rauchender Salpetersäure im Wasserbade oxydirt,
lieferten, mit Chlorbaryum gefällt, 1,2687 schwefelsauren Baryt. Nach diesem Resultate beträgt der Arsenikgehalt 50,72
Procent. Da der Versuch mit grosser Sorgfalt ausgeführt war,
habe ich ein Wiederholen desselben für überflüssig gehalten.

Legt man die zweite Analyse, die mit der grössten Menge
Alkargen angestellt wurde, und die mit der ersten sehr gut

übereinstimmt, zum Grunde, so ergiebt sich folgende procentische Zusammensetzung dieses Stoffes, wenn man den Sauerstoff aus dem Verluste bestimmt:

[156]

Kohlenstoff	16,97
Wasserstoff	4,88
Sauerstoff	27,43
Arsenik	50,72
	100,00.

Diesem Resultat entspricht folgende theoretische Zusammensetzung: [5]

C_4	305,6	16,67
H_{14}	87,3	4,76
O_5	500,0	27,28
As_2	920,0	52,29
	1832,9	100,00.

Das Alkargen enthält daher 2 Atome Wasserstoff und 5 Atome Sauerstoff mehr als das Alkarsin. Diese ersteren 2 Atome sind unstreitig als Wasser in der Verbindung enthalten. Denn obgleich das Alkargen beim Erhitzen, ohne eine Zersetzung zu erleiden, dieses Wasser nicht ausgiebt, so lässt sich doch sein Vorhandensein aus der Entstehung, so wie aus der Zersetzung dieser Arsenikverbindung durch Zinnchlorür und phosphorige Säure mit Gewissheit nachweisen. Diese Entstehung aus dem Alkarsin folgt sehr einfach daraus, dass das letztere 4 At. Sauerstoff und 1 At. Wasser aufnimmt, wie sich aus der beistehenden Zusammenstellung ergiebt:

$$\left. \begin{array}{lll} \text{1 At. Alkarsin} & C_4 H_{12} As_2 & \\ \text{4 At. Sauerstoff} & O_4 & \\ \text{1 At. Wasser} & H_2 & O \end{array} \right\} = C_4 H_{14} As_2 O_5 = \text{1 At. Alkargen.}$$

Auf dieselbe Weise, wie das Alkargen gebildet wird, zerfällt es auch wieder durch desoxydirende Stoffe in die Substanzen, aus denen es entstanden. Aus den nachstehenden Schematen ist diese Zersetzung ersichtlich:

$$\left. \begin{array}{lll} \text{1 At. Alkargen} & C_4 H_{14} As_2 O_5 & \\ \text{2 At. phosphorige Säure} & P_4 O_6 & \end{array} \right\} \begin{array}{lll} C_4 H_{12} As_2 = \text{1 At. Alkarsin} \\ P_4 \quad O_{10} = \text{2 At. Phosphors.} \\ H_2 \quad O = \text{1 At. Wasser,} \end{array}$$

[157]

$$\left. \begin{array}{lll} \text{1 At. Alkargen} & C_4 H_{14} As_2 O_5 & \\ \text{2 At. Zinnchlorür} & Sn_4 O_4 Cl_8 H_8 & \end{array} \right\} \begin{array}{lll} C_4 H_{12} As_2 = \text{1 At. Alkarsin} \\ Sn_4 O_8 Cl_8 H_8 = \text{1 At. Zinnchlorid} \\ H_2 \quad O = \text{1 At. Wasser.} \end{array}$$

Das Alkargen gehört daher zu den wenigen organischen Stoffen,
deren Zusammensetzung sich durch Analyse und Synthese zugleich nachweisen lässt.

Ohne schon jetzt eine bestimmte Ansicht über das Verhältniss zu äussern, in welchem das Alkargen zum Alkarsin steht,
wird man doch unmittelbar durch dieses Verhalten darauf geführt, das erstere als ein Oxydhydrat des letzteren zu betrachten, dem die nachstehende Formel entsprechen würde:

$$(C_4 H_{12} As_2) + O_4 + H_2 O.$$

Ich habe schon jetzt Grund zu vermuthen, dass die Verbindung
$C_4 H_{12} As_2 + O_4$ wirklich existirt, und dass sich das Wasser-
atom durch andere Wasserstoffsäuren ersetzen lässt[*]). In diesem Falle würde es nicht unwahrscheinlich sein, dass auch einfache elektropositive [158] Substanzen (As_2) sich mit zusammengesetzten $(C_4 H_{12})$ verbinden können, ohne ihre Eigenschaften
als Radicale zu verlieren, ähnlich wie unter zusammengesetzten,
z. B. die Schwefelsäure, sich mit Aether, Benzin etc. vereinigt,
ohne den Charakter einer Säure dadurch einzubüssen.

Zu der Aethertheorie scheint das Alkargen in keiner einfachen Beziehung zu stehen. Im Sinne der Acetyltheorie hingegen erscheint es als ein wasserhaltiger überacetylsaurer Arsenikwasserstoff. Nämlich:

$$C_4 H_6 . O_4 + As_2 H_6 + H_2 O.$$

---

[*] *Berzelius* hält es, nach einer brieflichen Mittheilung, für wahrscheinlich, dass das Alkarsin 1 At. Sauerstoff enthält, indem dann
die Bildung desselben sehr einfach darauf beruhen würde, dass 1 At.
arsenige Säure und 2 At. Essigsäure beim Erhitzen in 4 Atome Kohlensäure und 1 Atom Alkarsin zerfielen. Nämlich:

2 At. Essigsäure } $C_4 O_8 = 4$ At. Kohlensäure
1 At. arsenige Säure } $C_4 H_{12} As_2 O = 1$ At. Alkarsin.

Mit dieser Ansicht steht auch das Lichtbrechungsvermögen des Alkarsins nicht im Widerspruche, welches nur 1,762 beträgt, und daher
ebenfalls dafür zu sprechen scheint, dass das Alkarsin eine oxydirte
Substanz ist. Die einer genauen Arsenikbestimmung entgegenstehen-
den Schwierigkeiten haben es mir bisher nicht gestattet, diese interessante Frage durch einen directen Versuch zu beantworten. Ich
hoffe indessen vermittelst einer organischen Analyse mit arsenikfreiem
Nickeloxyd den Arsenikgehalt mit der erforderlichen Genauigkeit
ermitteln, und dadurch diese scharfsinnige Conjectur vielleicht reali-
siren zu können, die das Alkarsin und die grosse Reihe seiner Zersetzungsproducte zur Acetyltheorie in eine so nahe und einfache
Berührung bringt.

Bei dieser Annahme würde man vier Oxydationsstufen des Acetyls (C₄II₆] annehmen können, und zwar : [6)

$C_4 H_6 = \overline{Ac}$ unbekannt.

$\overline{\overset{\cdot}{Ac}}$ im Aldehyd und vielleicht im Alkarsin

$\overline{\overset{\cdot\cdot}{Ac}}$ in der wasserhaltigen Aldehydsäure

$\overline{\overset{\cdot\cdot\cdot}{Ac}}$ in der wasserhaltigen Essigsäure

$\overline{\overset{\cdot\cdot}{Ac}}$ im Alkargen.

Bevor nicht die Untersuchung der übrigen hierher gehörigen Verbindungen beendigt ist, wage ich es noch nicht, eine bestimmte Ansicht über die Zusammensetzung des Alkargens auszusprechen, deren Begründung dem Schlusse dieser Abhandlungen vorbehalten bleiben mag. Im nächsten Abschnitte werde ich eine andere organische Arsenikverbindung beschreiben, die sich unmittelbar an den eben betrachteten Stoff anzuschliessen scheint.

Untersuchungen über die Kakodylreihe.

Von

Rud. Bunsen.

In der nachstehenden Arbeit habe ich einen Theil der mannigfaltigen Producte zusammengestellt, welche aus der Zersetzung des Alkarsins hervorgehen. Beachtenswerth durch die Eigenthümlichkeit ihrer Zusammensetzung und ihres Verhaltens, stellen sie sich als Glieder einer ebenso ungewöhnlichen als ausgedehnten Verbindungsreihe dar, welche für die Kenntniss der organischen Verbindungsgesetze überhaupt nicht ohne Interesse ist.

Die einfache Beziehung, welche diese Glieder verknüpft, erscheint als der unmittelbare Ausdruck beobachteter Thatsachen, und führt zu einer Ansicht über die Constitution dieser Körperklasse, welche in dem Verhalten der unorganischen Elemente eine Stütze findet, die jede andere Betrachtungsweise auszuschliessen scheint.

Ueberblicken wir diese Körpergruppe, so erkennen wir darin ein unveränderliches Glied, dessen Zusammensetzung durch die Formel

$$C_4 H_{12} As_2$$

repräsentirt wird, welche also rücksichtlich der relativen Zahl ihrer Atome, aber nur rücksichtlich dieser, einem Weinalkohol entspricht, in welchem das Sauerstoffatom durch ein halbes Aequivalent Arsenik ersetzt ist. Die constituirenden Elemente dieses Gliedes, durch eine vorwaltende Verwandtschaft mit einander vereinigt, nehmen nur in ihrer Gesammtheit Theil an den Zersetzungserscheinungen, welche diese Stoffe charakteri-

siren. Sie bilden in ihrer Verbindung eine jener höheren Ein
heiten, die wir organische Atome oder Radikale nennen, und
die gleich den Ziffern unseres Zahlensystems ihren Rang in den
Combinationen der organischen Elemente behaupten, ohne sich
den Gesetzen der ursprünglichen Einheit entziehen zu können,
aus deren Aggregation sie entstanden. Die im Gebiete der
organischen Chemie fast beispiellose Verwandtschaftskraft, mit
der dieses Radical begabt ist, die Leichtigkeit, mit der es von
einer Substanz auf die andere übertragen werden kann, die
multiplen Verhältnisse, in denen es mit den Metalloiden zusammentritt, vor Allem aber der elektrochemische Charakter der
daraus entspringenden Verbindungen, führt uns hier den Fall
einer Uebereinstimmung in den Gesetzen der organischen und
unorganischen Verbindung vor Augen, der vielleicht nicht ohne
Einfluss auf die Ansichten in einer Wissenschaft sein dürfte,
die ihre Vorstellungen fast nur mit den Waffen der Analogie
bekämpfen und behaupten kann. Die Schwierigkeiten, welche
die Analyse dieser Stoffe darbietet, machen es nöthig, ehe ich
mich zur Betrachtung selbst wende, einige allgemeine Bemerkungen über die bei der Untersuchung derselben befolgten Methode voranzuschicken.

Die Oxydation des Arseniks erfolgt durch Salpetersäure
nur unvollkommen und lässt sich daher nur in der Glühhitze
ohne Verlust ausführen. Weder Kupferoxyd noch solche Stoffe,
welche bei dem Erhitzen Sauerstoff ausgeben, können dabei als
Verbrennungssubstanzen benutzt werden, weil im ersten Falle
die Trennung des Kupfers vom Arsenik unüberwindliche Schwierigkeiten darbietet, im andern gefahrvolle [3] Explosionen unvermeidlich sind. Ich habe mich dazu eines geschmolzenen
Gemenges von Glaubersalz mit zweifach schwefelsaurem Natron
und Glaspulver bedient. Noch besser gelingt der Versuch
durch Anwendung von Zinkoxyd oder arsenikfreiem Nickeloxyd. Um dieses in einer für die Analyse geeigneten Form zu
erhalten, bedient man sich am zweckmässigsten des reinen
schwefelsauren Salzes, welches in der strengsten Weissglühhitze,
ohne zu schmelzen, seine Säure verliert und das Oxyd in Gestalt eines äusserst zarten Pulvers zurücklässt, welches noch bei
weitem voluminöser ist, als das auf ähnliche Weise aus dem
salpetersauren Salze bereitete Kupferoxyd. Wendet man zu
dieser Darstellung das käufliche Nickel an, so darf man nie
versäumen, mindestens acht bis zehn Tage lang einen Strom
Schwefelwasserstoff durch die abwechselnd erwärmte schwefel-

saure Auflösung des Metalls zu leiten, da dasselbe gewöhnlich
Spuren von Molybdän enthält, welches sich nur äusserst schwierig durch Schwefelwasserstoff vollständig entfernen lässt. Zur
gleichzeitigen Bestimmung des Kohlenstoffs und Wasserstoffs
eignet sich diese Verbrennungssubstanz nicht, da sie, was man
kaum erwarten sollte, nur das Arsenik, nicht aber diese Stoffe
vollständig oxydirt. Um jeden Verlust zu vermeiden, lässt man
das Verbrennungsrohr einige Zoll weit aus dem Ofen hervor-
stehen und verbindet es mit einem Wasser enthaltenden *Liebig*-
schen Condensator. Eine unvollständige Verbrennung des Arseniks, die man bei einer gut ausgeführten Operation nie zu
befürchten hat, giebt sich sogleich durch einen unerträglichen
Alkarsingeruch zu erkennen, den die in den Condensator übergehende Flüssigkeit annimmt. Der Inhalt der Verbrennungsröhre löst sich bei mässiger Digestion vollständig in Königswasser auf, welches zur Entfernung der Salpetersäure mit
Schwefelsäure versetzt, abgeraucht, wieder mit Wasser behandelt und filtrirt, eine [4] Auflösung liefert, aus der sich das
Arsenik auf die gewöhnliche Art durch Schwefelwasserstoff bestimmen lässt.

Die Analyse der übrigen Bestandtheile in diesen Stoffen,
mögen sie leicht oder schwer flüchtig sein, lässt sich ohne
Schwierigkeit nach einer der bekannten Methoden ausführen.
Da indessen ein grosser Theil derselben durch Aufnahme von
Sauerstoff augenblicklich erstarrt, so ist es gefährlich, die
Spitzen der Kügelchen, welche solche zur Verbrennung bestimmte Flüssigkeiten enthalten, ausserhalb des Verbrennungsrohrs zu öffnen, da die unter diesen Umständen häufig ein-
tretende Verstopfung der Spitze eine Explosion im Verlaufe des
Versuchs zur Folge haben kann. Ich bediene mich daher, um
diese Flüssigkeit abzuwägen, kleiner Glasröhren mit einer
drei bis vier Zoll lang ausgezogenen Spitze, die zugleich den
Vortheil gewähren, dass man Gewicht und Inhalt daran mit
einer Demantfeder bemerken und eine grössere Anzahl derselben auf einmal füllen kann, was bei der leichten Zersetzbarkeit dieser Stoffe an der Luft unumgänglich nothwendig ist.
Man bindet 10 bis 15 derselben, nachdem sie mit Kohlensäure
gefüllt sind, vermittelst eines Platindrahts zusammen, und über-
schüttet das erhaltene Bündel so weit mit glühendem Sande,
dass nur der den Spitzen zunächst liegende Theil der Röhren
unbedeckt bleibt. Bei dem Eintauchen der langen Spitzen in
den unmittelbar vorher abgesprengten Schenkel der hermetisch

verschlossenen Destillationsröhre erhebt sich die darin befindliche Flüssigkeit schnell bis zu dem nicht erhitzten Theile des
Röhrchens. Sobald dies der Fall ist, lässt man durch eine bei
der Elasticität der langen Spitzen leicht zu bewerkstelligende
Neigung des Bündels die Flüssigkeit in den erhitzten Theil der
Röhrchen fliessen, wo sie in's Kochen geräth und die Kohlensäure austreibt, deren Stelle nun von ihr bei dem Erkalten ein-
genommen wird. Eine Zeit von 30 Secunden reicht hin, 5] um
diese Operation auszuführen. Versucht man es, die Füllung
einzeln vorzunehmen, so wird die Flüssigkeit gewöhnlich schon
in zwei bis drei Minuten so stark getrübt, dass sie zur Analyse
untauglich wird. Diese Röhrchen lassen sich leicht im Verbrennungsrohr selbst, dessen Spitze nur etwas aufwärts gebogen,
und dann in horizontaler Richtung ausgezogen ist, öffnen, indem
man sie mit einem korkzieherförmig gebogenen Draht vor-
schiebt. Die Bestimmung des Wasserstoffs und Kohlenstoffs
wird schwieriger, wenn noch andere Stoffe hinzutreten. Sie
gelingt indessen mit Kupferoxyd, wenn man ein etwas längeres
Verbrennungsrohr anwendet, dessen vorderer Theil mit chromsaurem Bleioxyd oder mit Kupferspähnen angefüllt ist. Einige
dieser Verbindungen werden indessen durch Kupferoxyd vor
ihrer vollständigen Verbrennung plötzlich zersetzt, und lassen
sich nur mit chromsaurem Bleioxyd analysiren.

Zum Schlusse dieser Bemerkungen muss ich noch erwähnen,
dass es für die reine Darstellung dieser Stoffe von Wichtigkeit
ist, nie grössere Gefässe anzuwenden, als es der Zweck der be-
absichtigten Operation erheischt, und dass es vor Allem erfordert wird, um gefahrvollen Explosionen zu entgehen, die Apparate, welche zur Aufnahme dieser Stoffe bestimmt sind, auf das
Sorgfältigste mit Kohlensäure anzufüllen.

Der Geruch, den der grösste Theil derselben verbreitet, ist
furchtbar. Er bewirkt bei sensibeln Personen augenblicklich
Erbrechen, und scheint, wenn man sich anhaltend seinem Einflusse aussetzt, besonders die Nerven zu afficiren. Acute Ver-
giftungszufälle sind nur bei dem Kakodylcyanür zu befürchten,
welches schon in höchst geringer Menge in der Atmosphäre
verbreitet, Schwindel, Betäubung und selbst Ohnmachten ver-
ursachen kann. Uebrigens hat mich ein anhaltendes Studium
dieser Stoffe überzeugt, dass, so lästig 6 und zeitraubend ihre
Untersuchung auch durch die vielen Cautelen wird, welche
man dabei zu beobachten hat, es doch bei einiger Umsicht nicht
schwer fällt, jede Gefahr zu vermeiden.

I. Niedere Verbindungsstufen des Kakodyls.

A. Amphigenverbindungen des Kadodyls. [*]

1. Kakodyloxyd.

Die grossen Schwierigkeiten, welche einer direkten Bestimmung des Sauerstoffs in dieser Substanz, die ich früher mit dem
empirischen Namen Alkarsin belegt habe, entgegenstanden, ver-
anlassten mich anfangs um so mehr, sie für sauerstofffrei zu
halten, als ihre ungewöhnliche Selbstentzündlichkeit und ihr
Verhalten gegen Kalium kaum einen Zweifel über die Richtigkeit dieser Voraussetzung zu gestatten schien. Allein ihre Entstehung aus den essigsauren Salzen mit alkalischer Basis ist
dieser Ansicht nicht günstig, da sie eine ebenso complicirte als
ungewöhnliche Zersetzung voraussetzt. *Berzelius*, dem diese
Schwierigkeit nicht entgehen konnte, hat daher gleich anfangs die Wahrscheinlichkeit eines Sauerstoffgehalts aus den
Verhältnissen ihrer Entstehung gefolgert, die sich sehr einfach
bei der Annahme erklärt, dass zwei Atome Aceton (Oenyloxyd-
hydrat) mit einem Atom arseniger Säure unter Ausscheidung
von zwei Atomen Kohlensäure zusammentreten, wobei, wie das
nachstehende Schema zeigt, ein Atom Alkarsin übrig bleibt:

$$
\begin{array}{llll}
2 \text{ At.} & \text{Aceton} & C_6 H_{12} O_2 \\
1 \text{ »} & \text{arsenige Säure} & As_2 O_3 \\
- 2 \text{ »} & \text{Kohlensäure} & C_2 \quad O_4 \\
\hline
1 \text{ »} & \text{Kakodyloxyd} & C_4 H_{12} As_2 O.
\end{array}
$$

Um diese Frage auf experimentellem Wege zu [7] entscheiden, habe ich von Neuem eine sorgfältige Untersuchung dieser
Substanz angestellt, deren ausführliche Mittheilung, da das Resultat derselben inzwischen bekannt geworden ist, ich für überflüssig halten würde, wenn nicht seitdem *Dumas* seine früher
über denselben Gegenstand angestellten Versuche, welche nicht
mit den von mir erhaltenen Resultaten übereinstimmen, nach-
träglich bekannt gemacht hätte.
Obgleich dieser berühmte Gelehrte, abgeschreckt durch die
Widerwärtigkeiten des Gegenstandes, seine Untersuchungen
nicht soweit ausgedehnt zu haben scheint, als es die Natur der
damit verbundenen Schwierigkeiten erheischt, so würde ich doch
anstehen müssen, die nachstehenden Resultate einer Autorität

*) Ann. d. Chemie u. Pharmacie Bd. XXVII. S. 148.   D. Red.

wie der seinigen entgegenzustellen, wenn er selbst anders seine
Arbeit als entscheidend betracht hätte.

Er bestimmte den Arsenikgehalt theils durch Oxydation mit
Königswasser in einer mit Vorlage versehenen Retorte, indem er
die Flüssigkeit der Vorlage cohobirte, und die bis zur Trockenheit erhitzte Arseniksäure wog, theils dadurch, dass er Sauerstoff durch das Verbrennungsrohr bis zur völligen Oxydation
des Arseniks leitete und die gebildete arsenige Säure aus dem
Gewichtsverlust des Verbrennungsrohrs ermittelte. Im ersten
Falle wurden 69.3 pCt., im zweiten 68,93 pCt. und 69,0 pCt.
erhalten. Ich habe ebenfalls in einer meiner früheren diesen
Gegenstand betreffenden Abhandlungen*) einen Versuch beschrieben, der mit dem ersten des Herrn *Dumas* übereinstimmt,
jedoch mit dem Unterschiede, dass die Oxydation durch Salpetersäure in einer hermetisch verschlossenen Glasröhre vorgenommen, und das Arsenik nicht als Arseniksäure, sondern als
geglühtes 3 arseniksaures Eisenoxyd bestimmt wurde. Ein
Verlust an oxydirtem Arsenik war daher bei meinem Versuche
unmöglich. Demungeachtet erhielt ich nur im günstigsten Falle
64,2 pCt., also weniger, als nach meiner sowohl als Herrn *Dumas'*
Ansicht hätte erhalten werden müssen. Ich habe diesen Verlust
bereits früher aus einer unvollkommenen Oxydation des Alkarsins
erklärt, von der man sich leicht überzeugen kann, wenn man
die geruchlose Auflösung mit Zinnchlorür oder Schwefelwasserstoff erwärmt. Im ersten Falle entsteht sogleich der
furchtbar durchdringende und betäubende Geruch des Chlorkakodyls, im anderen der nicht minder charakteristische des
Kakodylsulfürs. Die Auflösung enthält daher noch Alkargen
Kakodylsäure), das selbst durch Verdampfen derselben bis zur
Trockenheit nicht völlig zersetzt wird. und das. durch jene
Desoxydationsmittel reducirt, in die entsprechende Schwefel-
und Chlorverbindung umgeändert wird. Es lässt sich daher
vermuthen, dass das von Herrn *Dumas* untersuchte Product
nicht rein war, oder dass die Arseniksäure, aus der das Arsenik
bestimmt wurde, noch etwas Wasser zurückhielt. Die aus der
Wägung des Verbrennungsrohrs abgeleitete Bestimmung konnte
an und für sich kein genaues Resultat geben. und musste ebenfalls zu hoch ausfallen, da ausser der arsenigen Säure zugleich
noch arseniksaures Kupferoxyd bei der Verbrennung gebildet
wird, wie dies auch Herr *Dumas* selbst vermuthet.

---

*) Ann. d. Chemie u. Pharmacie Bd. XXIV. S 271. D. Red.

Für die Lösung der Frage schien es mir zunächst von Wichtigkeit, auf die Darstellung des Kakodyloxyds eine besondere
Sorgfalt zu verwenden.

Obgleich die wasserfreie Substanz in wenigen Secunden an
der Luft, unter Bildung von Alkargen, zersetzt wird, so lässt
sich doch eine Verunreinigung durch diese Substanz bei Anwendung der früher beschriebenen hermetisch verschlossenen
Destillationsröhre vollkommen vermeiden. Die [9] früher angegebene Darstellungsweise ist indessen mit grossen Unbequemlichkeiten verbunden, da man sich bei dem Austreiben der
Kohlensäure aus dem Apparate genöthigt sieht, eine solche
Quantität brennender Alkarsindämpfe aus der zuzuschmelzen-
den Spitze entweichen zu lassen, dass sich die in der Nähe be-
findlichen Gegenstände mit einem weissen Ueberzuge von arseniger Säure bedecken. Um diesen Uebelstand zu vermeiden,
ist es am zweckmässigsten, die Destillation, ohne die Kohlensäure vorher auszutreiben, vorzunehmen, was ohne Gefahr
geschehen kann, wenn der zur Aufnahme der condensirten
Dämpfe bestimmte Schenkel etwas lang ist. Man hat dabei
nicht zu befürchten, dass der Apparat durch die Tension der
Dämpfe gesprengt wird, da der zur Aufnahme derselben bestimmte Theil der Röhre, wenn er durch Wasser von 8—10°
kühl erhalten wird, sich selbst dann nicht einmal bedeutend erhitzt, wenn man die Destillation auf das Höchste beschleunigt.
Eine Gefahr des Zerspringens wird aber unvermeidlich, wenn
sich bei unvorsichtiger und zu weit fortgesetzter Erhitzung
permanente Gase entwickeln, oder wenn die Kugel oberhalb der
kochenden Flüssigkeit sich übermässig erhitzt. Gelangt dann
beim Aufwallen ein Tropfen an diese Stelle, so wird der Apparat mit einer Explosion zertrümmert, und es entsteht eine mehrere Fuss hohe Arsenikflamme, welche die umgebenden Gegenstände mit einer schwarzen Lage stinkenden Arseniks überzieht. Es ist daher nöthig, um alle Gefahr zu vermeiden, diese
Destillation hinter einer Bretterwand vorzunehmen, die mit
einem kleinen Glasfenster zum Beobachten versehen ist. Nach
Beendigung des Versuchs zieht man die zum Erhitzen dienende
Handspirituslampe vermittelst eines durch die Wand geführten
Drahtes zurück, und kann sich dann ohne Gefahr dem Apparate nähern.

Da der grösste Theil der hierher gehörigen Verbindungen
[10] nur auf diesem Wege rein erhalten werden kann, so habe

ich es nicht für überflüssig gehalten, auf diese Vorsichtsmaass-regeln hier genauer einzugehen.

Die erste behufs der Analyse vorgenommene Darstellung des Alkarsins geschah nach dem in meiner ersten Abhandlung angeführten Verfahren, nur mit dem Unterschiede, dass dazu eine sehr grosse, fast ein Viertelpfund betragende Menge *Cadet*-scher Flüssigkeit angewandt und das Product der Destillation in zwei gesonderten Portionen aufgefangen wurde.

Alkarsin, aus der zuerst übergegangenen Flüssigkeit bereitet, liefert bei der Analyse folgendes Resultat:

I. 0,5450 Substanz gaben 0,2688 Wasser und 0,4532 Kohlensäure.

Das aus der zu zweit übergegangenen bereitete gab folgendes Resultat:

II. 0,5974 gaben 0,2915 Wasser und 0,4900 Kohlen-säure.

Die Versuche entsprechen:

	I.	II.	berechnet
Kohlenstoff	22,86 —	22,68 —	C_4 21,52
Wasserstoff	5,44 —	5,42 —	H_{12} 5.27.

Vergleicht man diese Analysen mit denen in meiner ersten Arbeit über diesen Gegenstand, so ergiebt sich, dass die gefundenen Zahlen zwischen den dort angegebenen ohngefähr in der Mitte liegen. Allein auch dieses Resultat lässt sich weder mit der Voraussetzung eines Sauerstoffgehalts, noch mit der entgegengesetzten Ansicht vollkommen in Einklang bringen. Im ersten Falle würde der Kohlenstoff und Wasserstoff etwas zu hoch, im entgegengesetzten etwas zu niedrig ausgefallen sein. Es liess sich daher bei der Uebereinstimmung in den erhaltenen Resultaten mit Grund vermuthen, dass diese gleichbleibende geringe Abweichung [11] weniger in der Unsicherheit der Analyse, als in einer constanten Verunreinigung der Substanz selbst zu suchen sei. In dieser Ansicht durch den Umstand bestärkt, dass das untersuchte Product bei der Behandlung mit Chlorwasserstoffsäure, ausser dem dabei entstehenden Kakodylchlorür noch einen anderen festen Stoff absetzt, der ein in allen Lösungsmitteln unlösliches ziegelrothes Pulver bildet, auf das ich später zurückkommen werde, und das sich ebenfalls bei dem Durchleiten von Alkarsin durch erhitzte Röhren zu bilden scheint, habe ich bei einer neuen Darstellung die erste Destillation der rohen *Cadet*'schen Flüssigkeit unter einer Schicht

lufttreien Wassers vorgenommen, wodurch nicht nur der atmo-
sphärische Sauerstoff vollständiger abgehalten wird, sondern
auch die sich möglicher Weise in kleinen Mengen bildenden
Oxydationsproducte in dem mit übergehenden Wasser aufgelöst
bleiben, und zugleich die Temperatur nie so hoch steigen kann,
dass dadurch eine Zersetzung möglich würde. Auf diese Art
erhält man das Alkarsin in einem hohen Grade der Reinheit,
wie die nachstehenden Versuche beweisen: [*])

I. 0,4711 gaben 0,2235 Wasser und 0,3708 Kohlensäure.
II. 0,5164   »   0,2485   »   » 0,4045   »

0.5258 g der Substanz gaben mit Nickeloxyd verbrannt
0,7542 Schwefelarsenik.

0,711 g von diesem mit Salpetersäure behandelt, lieferten
0,2131 geschmolzenen Schwefel und 1,2332 schwefelsauren
Baryt.

Bei Wiederholung dieses Versuchs mit 0,5501 g wurden
0,7911 Schwefelarsenik erhalten, von denen 0,7448 bei der
Oxydation 0,2233 Schwefel und 1,3242 schwefelsauren Baryt
gaben. Der erste Versuch entspricht 66,12 %, der andere
65,38 %, sehr nahe mit der Theorie übereinstimmend. Als
Gesammtresultat ergiebt sich daher:

12		I.		II.		berechnet
C_4	305,74	—	21,76	—	21,65	— 21,52
H_{12}	74,88	—	5,27	—	5,34	— 5,27
As_2	940.08	—	66,12	—	65,38	— 66,17
O	100,00	—	6,85	—	7,63	— 7,04
	1120,70	— 100,00	— 100,00	— 100,00.

Da das in meiner früheren Arbeit angeführte specifische
Gewicht des Alkarsindampfes mehr mit meiner früheren Voraussetzung, als mit dieser thatsächlichen Zusammensetzung im
Einklange steht, so habe ich eine Wiederholung dieser Bestimmung für nöthig gehalten. Um dabei jeden aus einer Oxydation
des Alkarsins entspringenden Fehler zu vermeiden, wurde ein
besonderes für diesen Zweck mit besonderer Sorgfalt bereitetes
Product angewandt, und das Quecksilber in der Messglocke
selbst vorher ausgekocht. so dass sich die Flüssigkeit nach
Beendigung des Versuchs ohne die geringste Spur von Luft in
dem obern Theile der Glocke wieder ansammelte:

Flüssigkeit im Glaskügelchen	0,2414 g
Gemessenes Dampfvolum	47,04 ccm
Temperatur des Oelbades	148°,5 C.
Höherer Quecksilberstand in der Messglocke	74'''
Drückende Oelsäule *	148'''
Barometerstand	335,5'''

Aus diesem Versuche findet man die Dampfdichte des Alkarsins zu 7,555.

Die Rechnung giebt:

4	Vol.	Kohlenstoff	3,3713
12	»	Wasserstoff	0,8256
2	»	Arsenik	10,3634
1	»	Sauerstoff	1,1026
			15,6649 : 2 = 7,8324. [*)]

13) Wenn man den Umstand berücksichtigt, dass bei der Bestimmung der Dampfdichte nach dem *Gay-Lussac*'schen Verfahren die erhaltenen Resultate etwas zu niedrig auszufallen pflegen, so erscheint die Differenz zwischen der gefundenen und berechneten Zahl zwar nur gering. Allein ich gestehe, dass mir selbst diese Abweichung, bei der grossen Sorgfalt, welche ich auf diesen mit genau revidirten Instrumenten angestellten Versuch verwandt habe, anfangs unerklärlich war. Erwägt man indessen, dass bei Dämpfen von bedeutender Dichtigkeit selbst noch innerhalb der Grenzen der Beobachtungsfehler liegenden Differenzen schon einen namhaften Einfluss auf das Endresultat ausüben können. dass diese Beobachtungsfehler selbst bei Flüssigkeiten mit höherm Kochpunkt bedeutend wachsen, und endlich, dass die kleine Menge Oxydul, welche das Quecksilber mechanisch beigemengt zu enthalten pflegt. eine unbedeutende Oxydation des Alkarsins veranlassen kann, deren Einfluss bei dem Endresultate verringernd wirken muss, so wird man jene Abweichung vollkommen erklärlich finden.

Lassen mithin diese Versuche keinen Zweifel darüber, dass die Zusammensetzung des Alkarsins durch die empirische Formel $C_4H_{12}As_2O$ repräsentirt wird, so spricht sich das Gesetz. nach dem die Elemente darin gruppirt sind, nicht minder deutlich in den Transformationen aus, welche dieser Stoff erleidet. Wenn wir beobachten, dass es zunächst der Sauerstoff ist, welcher ver-

---

*) Zum Oelbade wurde ein unten verschlossener Cylinder benutzt.

mehrt und vermindert, welcher verdrängt und ersetzt wird, wenn wir ferner bemerken, dass diese Veränderungen sich nicht in gleicher Art auf den Kohlenstoff, das Arsenik und den Wasserstoff erstrecken, die sich vielmehr durch die lange Reihe dieser Verbindungen hindurch in der relativen Zahl ihrer Atome unverändert erhalten, so werden wir unmittelbar darauf hingewiesen, diese unveränderliche Atomgruppe als ein zusammengehöriges **14** Glied, als ein Ganzes, zu betrachten, das nur als solches an den Zersetzungen dieser Körperklasse Theil nimmt. Dieses Glied — wir nennen es Kakodyl und bezeichnen es durch den Ausdruck $C_4 H_{12} As_2 =$ Kd — tritt aus dem Gebiete der blossen Vorstellung in das der Wirklichkeit über, wenn wir daran dieselben Gesetze und Charaktere wieder finden, die wir auch sonst in der Wissenschaft für genügend anerkennen, um darauf eine Vorstellung von der Constitution der anorganischen Körper zu begründen. In wie weit dies bei der in Frage stehenden Körperklasse der Fall ist, wird sich aus den nachfolgenden Untersuchungen ergeben.

Wenden wir zunächst diese Ansicht auf das Alkarsin an, so müssen wir dasselbe als die niedrigste Oxydationsstufe des Kakodyls betrachten, und ihm die rationelle Formel $C_4 H_{12} As_2 + O =$ Kd O beilegen. Die Eigenschaften, welche wir daran wahrnehmen, rechtfertigen diese Betrachtungsweise vollkommen. Es ist eine salzfähige Basis und lässt sich denjenigen anorganischen Oxyden anreihen, die ohne den Charakter einer schwachen Säure ganz zu verleugnen, doch entschieden als Basen betrachtet werden müssen. Weder sauer noch alkalisch reagirend, verbindet es sich mit den Säuren zu eigenthümlichen, im Wasser löslichen Stoffen.

Phosphorsäure nimmt eine grosse Menge davon auf und bildet eine stinkende zähe Flüssigkeit, die indessen weder neutral noch krystallisirt erhalten werden kann. Bei dem Erhitzen geht zuerst Wasser für sich und dann mit Alkarsin gemengt über, welches seine ursprünglichen Eigenschaften unverändert beibehalten hat. Die Phosphorsäure bleibt endlich rein in der Retorte zurück.

Etwas verdünnte Salpetersäure verbindet sich ohne Zersetzung in der Kälte damit zu einem dickflüssigen Liquidum. Concentrirte oder erhitzte Säure bewirkt augenblicklich Oxydation und Bildung von Alkargen.

15 Das schwefelsaure Kakodyloxyd kann krystallisirt erhalten werden. Man stellt es durch Digestion des Oxydes mit concentrirter wasserhaltiger Schwefelsäure dar. Die Flüssigkeit gesteht bei dem Erkalten zu einer weissen Masse, die aus einem Haufwerk kleiner, concentrisch-strahlig gruppirter Krystallnadeln besteht. Durch Pressen zwischen Löschpapier kann man diese Krystalle reinigen; sie reagiren stets sauer und zerfliessen augenblicklich an der Luft; ihr Geruch ist ausnehmend widrig.

Ich habe es für überflüssig gehalten, die Untersuchung auf diese Salze weiter auszudehnen, da sie kaum ein anderes Interesse, als das ihrer Existenz darbieten. Merkwürdiger dagegen scheinen die Niederschläge zu sein, welche das salpetersaure Kakodyloxyd in den Metalllösungen erzeugt. Meine Versuche, die Natur dieser Verbindungen festzustellen, sind aber leider an der grossen Unbeständigkeit derselben gescheitert. Was ich darüber ermittelt habe, beschränkt sich auf einige Andeutungen, deren weitere Ausführung ich auf eine passendere Gelegenheit versparen muss.

In seinem Verhalten gegen die Wasserstoffsäure stimmt das Kakodyloxyd mit den anorganischen Basen ebenfalls vollkommen überein. Es entstehen Haloidsalze und Wasser, welches ausgeschieden wird, oder, wie es in wenigen Fällen geschieht, in der Verbindung bleibt. Die Verwandtschaft des Kakodyloxyds zum Sauerstoff ist ungewöhnlich energisch. Es verbindet sich nicht nur direkt damit, sondern entzieht diese Substanz anderen Verbindungen; Quecksilberoxyd, Silberoxyd, Goldoxyd etc. werden dadurch reducirt, selbst Arseniksäure und Indigo erleiden eine Desoxydation. Die sich dabei bildenden Oxydationsstufen zeigen ein Verhalten, das aus den anorganischen Verbindung-gesetzen bereits bekannt ist. Der elektrochemische Charakter wird hier, wie dort, durch die Zahl der Sauerstoffatome bedingt, welche 16] zum Radikal hinzutreten. Ausser dem Alkargen der Kakodylsäure) scheint noch eine Zwischenstufe zu bestehen, die sich wie ein Superoxyd verhält. Ich werde auf diese Verbindungen in einer spätern Abhandlung zurückkommen, welche die höheren Verbindungsstufen des Kakodyls umfassen soll.

Zum Schlusse dieser Betrachtungen mag noch die Bemerkung hier einen Platz finden, dass das Kakodyloxyd ein sehr empfindliches Reagens auf arsenige Säure ist, und ein eben so sicheres als einfaches Mittel darbietet, um bei gerichtlich-chemischen Untersuchungen Arsenik von Antimon zu unterscheiden. Kocht man den in *Marsh's* Apparat erhaltenen Anflug von

Arsenik mit etwas lufthaltigem Wasser, bis derselbe aufgelöst
ist, und versetzt man die Auflösung mit etwas Kali und Essigsäure, so erhält man nach dem Verdampfen einen Rückstand,
der in einem Glasröhrchen geglüht, den furchtbaren Geruch des
Alkarsins verbreitet. Dieser Geruch ändert sich sogleich in den
nicht minder charakteristischen des Chlorkakodyls um, wenn
man den geglühten Inhalt des Röhrchens mit einigen Tropfen
Zinnchlorür erwärmt. Antimonoxyd zeigt diese Erscheinung
nicht. Ebenso lässt sich das Kakodyloxyd zur Entdeckung der
essigsauren Salze in gemischten Flüssigkeiten benutzen, indem
man dieselben mit Kalihydrat und arseniger Säure vermischt,
abraucht und glüht. Der Zusatz von Kalihydrat ist nothwendig,
weil das Alkarsin nur aus essigsauren Salzen mit alkalischer
Basis entsteht.

2. Kakodylsulfür.

Man erhält diesen Stoff durch Destillation einer Auflösung
von schwefelwasserstoffsaurem Schwefelbarium mit Kakodylchlorür, wobei Schwefelwasserstoff unter starkem Aufschäumen
entweicht. Sobald die Temperatur bis zum [17 Kochpunkt
gestiegen ist, geht die Schwefelverbindung mit den Wasserdämpfen über, indem nur Chlorbarium in der Retorte zurückbleibt.

$$\left. \begin{array}{l} Kd\,Cl_2 \\ Ba\,S + H_2\,S \end{array} \right\} \begin{array}{l} Kd\,S\,{}^{10)} \\ Ba\,Cl_2 \\ H_2\,S. \end{array}$$

Einfach Schwefelbarium eignet sich nicht zu dieser Darstellung, da das Chlorkakodyl gewöhnlich etwas Kakodyloxyd
beigemengt enthält, welches nur durch Schwefelwasserstoff,
nicht aber durch Schwefelbarium zersetzt wird. Um daher ein
oxydfreies Product zu erhalten, ist die Anwendung des erwähnten Salzes nothwendig. In der Retorte bleibt gewöhnlich zuletzt
eine kleine Menge einer zähen stinkenden Masse zurück, die aus
Schwefel und einer Auflösung von Kakodylsulfid in Kakodylsulfür besteht. Sie bildet sich auf Kosten der unterschweflig-
sauren Baryterde und des zweifachen Schwefelbariums, mit
denen das angewandte Schwefelsalz gewöhnlich verunreinigt
ist, indem der bei der Zersetzung dieser beigemengten Producte
frei werdende Schwefel sich mit dem Kakodylsulfür zu dem
festen nicht flüchtigen Sulfid verbindet. Enthält das Schwefel-

barium etwas Schwefeleisen, so wird dieses vom Kakodylsulfür
mit indigblauer Farbe aufgelöst. Das Destillat aber zeigt diese
Färbung nicht. Zur vollständigen Zersetzung ist eine zweimalige
Destillation mit dem Schwefelsalze erforderlich. So lange die
Flüssigkeit mit einer schwefelwasserstoffhaltigen Wasserschicht
bedeckt ist, hat man nicht nöthig, den Luftzutritt sehr sorgfältig
abzuhalten, da die Oxydationsproducte des Kakodyls durch
Schwefelwasserstoff reducirt werden und daher keine Oxydation
stattfinden kann, so lange dieser Stoff zugegen ist. Das Wasser
und den überflüssigen Schwefelwasserstoff entfernt man durch
Chlorcalcium und kohlensaures Bleioxyd. Sobald auf ferneren
18 Zusatz keine Schwärzung des letzteren mehr eintritt, muss
man den Luftzutritt auf das Sorgfältigste vermeiden, besonders
bei dem Ueberfüllen in die Destillationsröhre, in welcher die
Substanz zuletzt noch von dem möglicher Weise gebildeten
Kakodylsulfid getrennt wird, welches als eine gelbliche, stinkende, zähe, mit krystallinischen Körnern untermischte Flüssigkeit in dem einen Schenkel der Röhre zurückbleibt.

In grosser Menge kann man sich ausserdem diesen Stoff aus
der sauren Flüssigkeit verschaffen, welche bei der Darstellung
der *Cadet*'schen Flüssigkeit erhalten wird. Die nicht unbedeutende Menge Kakodyloxyd, welche in der Essigsäure dieser
Flüssigkeit aufgelöst ist, wird durch das erwähnte Schwefelsalz
als Kakodylsulfür gefällt, welches in dieser sauren Flüssigkeit
fast ebenso unlöslich ist, als im Wasser. Die dabei stattfindende
Zersetzung ist dieselbe wie oben:

$$BaS + H_2S \left. \begin{array}{c} Kd\,O \\ \overline{A} \end{array} \right\} \begin{array}{l} Kd\,S^{11} \\ Ba\,O,\ A \\ H_2S. \end{array}$$

Interessant in theoretischer Beziehung, aber weniger geeignet, um als Darstellungsmethode benutzt zu werden, ist die
Entstehung dieser Schwefelverbindung aus dem Alkargen Kakodylsäure. Leitet man durch eine wässrige Lösung desselben Schwefelwasserstoff, so findet dieselbe Erscheinung statt,
welche man bei vielen anorganischen Oxyden, z. B. bei der
Arseniksäure beobachtet, die unter Ausscheidung von Schwefel
reducirt und als Schwefelverbindung gefällt wird.

$$Kd\,O_4 + aq \left. \begin{array}{c} \\ 4\,H_2S \end{array} \right\} \begin{array}{l} Kd\,S^{12}) \\ 4\,H_2O \\ 3\,S. \end{array}$$

In einer alkoholischen Lösung entsteht dagegen **19** Kakodylsulfid, indem der ausgeschiedene Schwefel sogleich mit dem
Kakodylsulfür zusammentritt.

Kakodylsulfür bildet ein wasserhelles ätherartiges, an der
Luft nicht rauchendes Liquidum, von einem höchst widrigen
durchdringenden Geruche, der zugleich an Mercaptan und Alkarsin erinnert, und sehr lange an Gegenständen haftet. Bei
einer Temperatur von — 40°C. ist die Substanz noch nicht fest.
Obgleich ihr Kochpunkt weit über dem des Wassers liegt, destillirt sie doch leicht mit den Dämpfen desselben über. In einem
Glaskügelchen bis zum angehenden Glühen erhitzt, setzen die
Dämpfe Arsenik, Schwefelarsenik und Kohle ab. An der Luft
lässt sich der Körper leicht entzünden und verbrennt mit einer
fahlen Arsenikflamme, die an den Rändern hellblau gefärbt ist;
durch mässig concentrirte Salpetersäure wird der Schwefel,
nicht aber das damit verbundene Kakodyl vollständig oxydirt.
Im Wasser ist der Stoff fast ganz unauflöslich, ertheilt demselben aber einen furchtbar durchdringenden Geruch. Mit Aether
und Alkohol ist er in allen Verhältnissen mischbar und scheidet
sich aus dem letzteren durch Wasser wieder ab. Schwefel mit
der wasserfreien oder in Alkohol aufgelösten Substanz zusammengebracht, verbindet sich damit zu einer höheren Schwefel-
stufe, die aus Aether krystallisirt erhalten werden kann,
und die sehr merkwürdige Eigenschaften besitzt, auf die ich
später zurückkommen werde. Mit Selen entsteht eine analoge
Verbindung, welche in grossen farblosen Blättern krystallisirt.
Phosphor löst sich darin auf, scheidet sich aber beim Erkalten
unverändert daraus wieder ab. Jod erzeugt ebenfalls eine
eigenthümliche krystallinische Substanz. Mit Sauerstoff in Berührung gebracht, verwandelt sich die Substanz in grosse
durchsichtige Krystalle, welche aus Alkargen und einem noch
nicht näher untersuchten Stoffe bestehen.

20 Chlorwasserstoffsäure zerlegt das Kakodylsulfür in
Chlorkakodyl und Schwefelwasserstoff. Schwefelsäure und
Phosphorsäure treiben ebenfalls Schwefelwasserstoff unter Bil-
dung der entsprechenden Kakodyloxydsalze aus; schwächere
Säuren dagegen, z. B. Essigsäure, bewirken diese Zersetzung
nicht. Kohlensaures Bleioxyd wird ebenfalls nicht zerlegt.

Die Analyse des Stoffes bietet keine Schwierigkeiten dar.
Der Schwefelgehalt lässt sich durch Oxydation mit Salpetersäure bestimmen. 1,309 g unter den gehörigen Vorsichtsmaass-

regeln mit dieser Säure behandelt, gaben 1,061 schwefelsauren Baryt und 0,013 Schwefel.

Bei der Verbrennung mit chromsaurem Bleioxyd wurden erhalten:

I. 0,9713 Substanz gaben 0,7200 Kohlensäure und 0,4385 Wasser.

II. 0,902 Substanz gaben 0,664 Kohlensäure und 0,407 Wasser.

Bestimmt man das Arsenik aus dem Verluste, so ergiebt sich folgende gefundene und berechnete Zusammensetzung:[13]

		I.		II.		berechnet.
Kohlenstoff	C_4	20,49	—	20,35	—	20,1
Wasserstoff	H_{12}	5,02	—	5,01	—	4,9
Arsenik	As_2	62,32	—	»	—	61,8
Schwefel	S	12,17	—	»	—	13,2
		100,00	—		—	100,0.

Die Abweichung im Schwefelgehalt, welche kaum 1 % beträgt, erklärt sich leicht aus dem bei der Oxydation durch Salpetersäure unvermeidlichen Verluste.

Die leichte Oxydirbarkeit des Kakodylsulfürs macht es unmöglich, seine Dampfdichte nach dem *Dumas*'schen Verfahren zu bestimmen. Aber auch nach *Gay-Lussac*'s Methode erhält man nur ein der Wahrheit genähertes Resultat, 21 da der Versuch bei einer über 200° C. liegenden Temperatur vorgenommen werden muss, bei der ohnehin die Verbindung unter Bildung von Schwefelquecksilber zersetzt zu werden anfängt.

Der mit grosser Sorgfalt und einer sehr reinen Substanz angestellte Versuch gab folgendes Resultat:

Angewandte Substanz	0,194 g
Barometerstand	328'''
Abzuziehender Quecksilberdruck	18.9'''
Beobachtete Temperatur	215° C.
Gemessenes Dampfvolum	41.6 ccm.

Bei Beobachtung aller Correctionen ergiebt sich daraus das specifische Gewicht zu 7,72.[14]

Durch Rechnung findet man:

4	Vol.	Kohlenstoff	3,3712
12	»	Wasserstoff	0,8256
2	»	Arsenikdampf	10,3651
1	»	Schwefeldampf	2,2180

$$16,7802 : 2 = 8,39.$$

Obgleich die Differenz zwischen dem beobachteten und berechneten Resultate fast $\frac{1}{16}$ beträgt, so lässt sich doch, da diese Differenz aus den angeführten Umständen erklärlich wird, mit ziemlicher Sicherheit der Schluss ziehen, dass die Verdichtungsverhältnisse des Schwefelkakodyls mit denen des Kakodyloxyds übereinstimmen.

3. Kakodylselenür.

Die Verbindung entsteht auf dieselbe Art, wie die entsprechende Schwefelverbindung. Man destillirt reines Chlorkakodyl zwei- bis dreimal mit einer Auflösung von Selennatrium in Wasser.

$$\left.\begin{array}{l} Kd\,Cl_2 \\ Na\,Se \end{array}\right\} \quad \begin{array}{l} Kd\,Se \\ Na\,Cl_2. \end{array}$$

[22] Die mit den Wasserdämpfen übergehende Flüssigkeit besitzt eine gelbe Farbe, und sammelt sich in schweren ölartigen Tropfen am Boden der Vorlage an. Um sie zu reinigen, verfährt man wie bei der Schwefelverbindung.

Das so erhaltene Selenkakodyl bildet eine vollkommen durchsichtige, gelbliche Flüssigkeit von eigenthümlich widrigem, höchst durchdringendem Geruch, der an den des Sulfürs erinnert, aber etwas ätherartig gewürzhaftes zeigt. In Wasser ist der Stoff unlöslich, Aether und Alkohol dagegen lösen ihn leicht auf. An der Luft raucht er nicht, setzt aber nach einiger Zeit unter Aufnahme von Sauerstoff farblose Krystalle ab; er gehört zu den schwerflüchtigsten Kakodylverbindungen, lässt sich aber sowohl für sich als auch mit Wasserdämpfen ohne Zersetzung überdestilliren. Durch ein glühendes Glasröhrchen geleitet, setzt der Dampf einen Selen- und Arsenikring ab. An der Luft verbrennt der Stoff mit schöner blauer Flamme, unter Verbreitung eines penetranten Selenoxydgeruchs.

Gegen Metallsolutionen verhält sich die Substanz, wie jedes andere lösliche, anorganische Selenmetall; es entsteht eine Selenverbindung und Kakodyloxyd, das mit der Säure des Metalloxyds in Verbindung bleibt. Essigsaures Bleioxyd, salpetersaures Silberoxyd etc. werden dadurch schwarz gefällt. Sublimat bewirkt zuerst eine schwarze Fällung von Selenquecksilber, und auf grösseren Zusatz des Fällungsmittels einen reichlichen, weissen Niederschlag von Kakodyloxyd-Quecksilberchlorid, das sich leicht in kochendem Wasser auflöst und daraus in seidenglänzenden Krystallblättchen bei dem Erkalten anschiesst.

$$\left.\begin{array}{l} \mathrm{Kd\,Se} \\ 3\ \mathrm{Hg\,Cl_2} \\ \mathrm{H_2\,O} \end{array}\right\} \quad \begin{array}{l} \mathrm{Hg\,Se} \\ \mathrm{Kd\,O + Hg_2\,Cl_4} \\ \mathrm{H_2\,Cl_2.} \end{array}$$

Durch Salpetersäure wird die Substanz leicht oxydirt: 23 durch concentrirte Schwefelsäure bei dem Erwärmen ebenfalls, unter Bildung von schwefliger Säure und Ausscheidung von rothem pulverförmigem Selen.

Eine Analyse der Verbindung habe ich für überflüssig gehalten, da über ihre Zusammensetzung kein Zweifel obwalten kann.

B. Haloidverbindungen des Kakodyls.

4. Kakodylcyanür.

Ich habe diese schöne aber beispiellos giftige Verbindung an die Spitze dieser Abtheilung stellen zu müssen geglaubt, weil sie sich wegen ihrer ausgezeichneten Krystallisirbarkeit vor Allem am leichtesten und reinsten darstellen lässt. Man erhält sie durch Destillation von concentrirter Cyanwasserstoffsäure mit Kakodyloxyd. Diese Art der Darstellung ist indessen nicht ohne grosse Gefahr auszuführen und liefert ein mit dem Oxyde sehr verunreinigtes Product, das sich wegen der leichten Oxydirbarkeit des letzteren und der furchtbaren Giftigkeit des Cyankakodyls nur äusserst schwierig durch Krystallisation reinigen lässt. Die Entstehung auf diesem Wege ist übrigens leicht aus dem beistehenden Schema erklärlich:

$$\left.\begin{array}{l} \mathrm{Kd\,O} \\ \mathrm{H_2\,Cy_2} \end{array}\right\} \quad \begin{array}{l} \mathrm{Kd\,Cy_2} \\ \mathrm{H_2\,O.} \end{array}$$

Sie fällt mit einer der gewöhnlichsten Zersetzungserscheinungen der anorganischen Oxyde auf das Vollkommenste zusammen.

Die bei der nachfolgenden Untersuchung benutzte Substanz war auf einem kürzeren und weniger gefahrvollen Wege erhalten. Behandelt man nämlich eine concentrirte Cyanquecksilberlösung mit Kakodyloxyd, so bildet sich, unter Ausscheidung von Quecksilber, diese Cyanverbindung ebenfalls, indem ein anderer Theil des Oxyds höher oxydirt 24 wird. Bei der Destillation geht weder eine Spur von Cyanwasserstoffsäure, noch von Kakodyloxyd über, sondern nur das mit den gebildeten Oxydationsproducten gemengte Cyankakodyl, welches sich unter dem Wasser als eine gelbliche ölartige Schicht ansammelt, die nach einiger Zeit beim Erkalten zu grossen, sehr schön ausgebildeten, prismatischen Krystallen grösstentheils gesteht, die bisweilen in die darüberstehende Wasserschicht weit hinein-ragen. Man lässt das Wasser so wie die flüssige Verbindung abfliessen, und presst die erhaltenen Krystalle zwischen Lösch-papier aus. Es ist durchaus nothwendig, diese Operationen im Freien vorzunehmen, und während derselben durch ein langes Glasrohr zu respiriren, dessen Mündung den Dämpfen des sehr flüchtigen Cyankakodyls nicht zugänglich ist.

Die erhaltenen, schon ziemlich reinen, demautglänzenden Krystalle werden darauf geschmolzen, in der früher erwähnten mit Kohlensäure angefüllten Destillationsröhre über Baryt ent-wässert, und bis zur Hälfte überdestillirt. Das Destillat ist fast rein und enthält nur noch Spuren fremder Beimengungen. Um auch diese noch vollständig davon zu trennen, sprengt man den die wasserfreien Krystalle enthaltenden Schenkel des Destilla-tiousgefässes ab, und bringt die Substanz in den kürzeren Schen-kel einer rechtwinklig gebogenen, ebenfalls mit Kohlensäure gefüllten Glasröhre, deren offenes Ende darauf schnell herme-tisch verschlossen wird. Taucht man den kurzen Schenkel in Wasser von 50 bis 60° C., so schmilzt das Cyankakodyl, und krystallisirt bei langsamem Abkühlen in grossen Prismen, die von dem flüssigen, noch nicht erstarrten Theile der Substanz umgeben sind. Lässt man darauf, wenn etwa zwei Drittel der Masse in Krystallen angeschossen ist, den noch flüssigen Theil in den längeren Schenkel abfliessen, und wiederholt man diese Operation so lange, bis die abgegossene Masse bei 25, dem Er-starren in dem längeren Schenkel keine gelbliche Farbe mehr zeigt, so darf man die im kürzeren Schenkel zurückbleibende Substanz als vollkommen rein betrachten.

Das auf diese Art erhaltene Cyankakodyl bildet über 33° C. ein ätherartiges, vollkommen farbloses, das Licht stark brechen-des Liquidum, welches bei einer Temperatur von 32°5 C. *) zu

---

* Ich bediene mich zur Bestimmung der Schmelzpunkte dieser Stoffe eines Verfahrens, das auch in anderen Fällen grosse Sicher-heit und Bequemlichkeit gewährt. Man lässt einige Milligramm der geschmolzenen Substanz in einen hohlen äusserst dünnen Glasfaden treten, den man auf beiden Seiten abschmilzt. Indem man densel-ben in ein grosses mit Wasser von verschiedenen Temperaturen an-gefülltes Gefäss taucht, ist es leicht, nach einigen Tastversuchen den Schmelzpunkt und Erstarrungspunkt bis auf zwei bis drei Zehntel Grad genau zu bestimmen.

einem Haufwerk grosser demantglänzender Krystalle gesteht,
die sich, ähnlich dem Eise an gefrorenen Fensterscheiben, an
das Glas anlegen, und im Aeusseren der Osmiumsäure gleichen.
Die Substanz besitzt eine sehr grosse Krystallisationstendenz,
und schiesst bei der langsamen Abkühlung in ausnehmend
grossen Krystallen an, die man für sich erhalten kann, wenn
man vor dem völligen Erstarren den noch flüssigen Theil abgiesst. Noch schöner erhält man die Krystalle, wenn man sie
durch Sublimation bei gewöhnlicher Temperatur in einer etwas
mit Wasser benetzten Glasröhre anschiessen lässt. Sie erreichen auf diese Art bisweilen eine Länge von 4 bis 5 Linien
und bilden wenig geschobene vierseitige Prismen mit kleinen
Abstumpfungsstücken an den kleineren Seitenkanten, und sind
an den Enden durch gegen die kleineren Seitenkanten gerich-
tete Zuschärfungen geschlossen. Eine genaue Winkelmessung
war bei der Flüchtigkeit dieser giftigen Verbindung nicht aus-
führbar. In's Kochen geräth dieser Stoff erst bei einer Temperatur, die nicht weit von 140° C. zu liegen scheint. An [26]
der Luft erhitzt, entzündet er sich und verbrennt mit einer
röthlich-blauen Flamme unter Verbreitung eines starken Rauchs
von arseniger Säure. Im Wasser ist er wenig, in Aether und
Alkohol dagegen sehr leicht löslich. Die Substanz scheint die
giftigste unter den Kakodylverbindungen zu sein. Setzt man
sich der Atmosphäre eines Zimmers aus, in das nur einige Gran
bei gewöhnlicher Temperatur verdampft sind, so tritt plötzlich
Einschlafen der Hände und Füsse, Schwindel und Betäubung
ein, die sich bis zur völligen Bewusstlosigkeit steigern kann.
Diese Zufälle sind indessen nur von kurzer Dauer und ohne
Nachwirkung, wenn man sich zeitig genug dem Einflusse der
Substanz entzieht.

Silberoxydlösung bewirkt eine Fällung von Cyansilber.
Salpetersaures Quecksilberoxydul wird dadurch reducirt, salpetersaures Quecksilberoxyd dagegen nicht gefällt. Durch
Quecksilberchlorid entsteht augenblicklich eine reichliche Fällung von Kakodyloxyd-Quecksilberchlorid. Die Auflösung mit
Eisenoxyduloxydsalzen zersetzt, durch Kali gefällt und mit
Essigsäure zur Wiederauflösung des Hydratniederschlags versetzt, liefert kein Berlinerblau: bei dem Wiederauflösen durch
eine stärkere Säure erfolgt dagegen die Bildung desselben.
Schwächere Säuren zersetzen die Substanz daher nicht, gegen
stärkere hingegen verhält sie sich wie jedes andere lösliche Cyan-
metall.

Kohlenstoff und Wasserstoff lassen sich leicht nach einer der gewöhnlichen Methoden bestimmen. Der erste Versuch wurde mit chromsaurem Bleioxyd, der zweite mit Kupferoxyd ausgeführt:

    I. 0,5160 Substanz gaben 0,5285 Kohlensäure und 0,2123 Wasser.

    II. 0,3870 Substanz gaben 0,388 Kohlensäure und 0,1625 Wasser.

27 Die Versuche, den Stickstoffgehalt nach der qualitativen Methode zu bestimmen, schlugen fehl, weil derselbe im Verhältniss zum Kohlenstoff sehr gering ist, und die Substanz ausserdem bei der Verbrennung eine sehr ungleiche Zersetzung erleidet. Die ersten Röhren gaben das Verhältniss des Stickstoffs zur Kohlensäure wie 1 : 6,7, die mittleren wie 1 : 11, und die letzten wie 1 : 5,3. Da mir nur noch einige Decigramme der reinen Substanz zu Gebote standen, so habe ich eine besondere Methode bei dieser Bestimmung befolgt, welche eben so sicher als einfach ist, und bei der sich die Fehler, mit denen die bisher üblichen Methoden mehr oder weniger behaftet sind, leicht vermeiden lassen. Ohne hier in die Einzelheiten dieser Methode, die ich zum Gegenstande einer besonderen Arbeit machen werde, tiefer einzugehen, will ich nur bemerken, dass bei diesem Verfahren nicht mehr als etwa 0,03 bis 0,08 g der zu untersuchenden Substanz mit ohngefähr 2 g Kupferoxyd und einigen Kupferspähnchen in eine mit Wasserstoff gefüllte, dann luftleer gepumpte und darauf hermetisch verschlossene Glasröhre gebracht wird, die man eine halbe Stunde lang der schwachen Rothglühhitze aussetzt. Die Glasröhre befindet sich dabei in einer Vorrichtung, welche verhindert, dass sie bei dem im Innern desselben stattfindenden Drucke von etwa acht bis zehn Atmosphären weder ausgeblasen wird, noch bei dem Erkalten zerspringt. Nach dem Erkalten wird die Röhre unter Quecksilber geöffnet und der Inhalt in eine Messröhre entleert, worin sich das relative Verhältniss des Stickstoffs zur Kohlensäure vermittelst einer befeuchteten Kalikugel mit grosser Schärfe bestimmen lässt *). Der Versuch gab:

---

*) Um vorläufig einen Begriff von der Genauigkeit dieser Methode zu geben, will ich einige zur Prüfung derselben angestellte Analysen hier anführen:

	CO_2	N	Theorie.
Cyanquecksilber	2 :	1,002	2 : 1
id.	2 :	1,010	2 : 1

28 Anfängliches Gasvolumen 266,0
Barometerstand . . . . 0,735S m
Quecksilbersäule über dem Niveau der Wanne . 0,2850
Temperatur . . . . 13°,7 C.
Tension des Wasserdampfs für diese Temperatur 0,012
Gasvolumen nach Absorption der Kohlensäure . 46,2
Barometerstand 0,735S
Quecksilberstand über dem Niveau der Wanne . 0,355S
Temperatur . . . . 1S°,7 C.

Das Verhältniss der Kohlensäure zum Stickstoff ist daher
6 : 1.040.

Bei der Wiederholung des Versuchs wurde erhalten:

Anfängliches Volumen des Gases 361,7
Barometerstand 0,7453
Quecksilbersäule über dem Niveau der Wanne . 0,2435
Temperatur . . . . 20° C.
Tension des Wasserdampfs für diese Temperatur 0,017
Gasvolumen nach Absorption der Kohlensäure . 6S,6
Barometerstand 0,7444
Quecksilberstand über dem Niveau der Wanne . 0,36SS
Temperatur . . . . 20° C.

Daraus ergiebt sich das Verhältniss der Kohlensäure zum
Stickstoff wie 6 : 1,035.

Ein dritter Versuch gab:
Anfängliches Volumen des Gases 557,7
Barometerstand 0,7489
29 Quecksilbersäule über dem Niveau der Wanne 0,1637
Temperatur . . . . 19°,5 C.
Tension des Wasserdampfs bei dieser Temperatur 0,0165
Volumen nach Absorption der Kohlensäure . . 115,7
Barometerstand 0,7489
Quecksilbersäule über dem Niveau der Wanne . 0,3471
Temperatur . . . . 19°,5 C.

Dieser Versuch giebt das Verhältniss 6 : 1,027.

	CO_2 N	Theorie.
Cyansilber	2 : 1,010	2 : 1
Salpetersaures Ammelin	1 : 1,006	1 : 1
id. id.	1 : 1,010	1 : 1
id. id.	1 : 1,015	1 : 1
Uramil	S : 2,951	S : 3.

Zur Bestimmung des Arseniks wurden 0.368 g mit Nickeloxyd behandelt. wobei 0,460 Schwefelarsenik erhalten wurden. 0,433 davon mit Salpetersäure oxydirt, gaben 1,7121 schwefelsauren Baryt.

Die Substanz besteht daher aus :

		I.		II.		berechnet.
Kohlenstoff	C^6	28,29	—	27,72	—	27,79
Wasserstoff	H_{12}	1,57	—	4,66	—	4,53
Stickstoff	N_2	11,10	—	11,01	—	10,74
Arsenik	As_2	56,04	—	56,81	—	56,96
		100,00	—	100,20	—	100,00.

Diese Zusammensetzung entspricht genau der Formel Kd Cy_2.

Das specifische Gewicht des Cyankakodyldampfes lässt sich mit grösserer Genauigkeit als das der übrigen Verbindungen bestimmen. da dieser Stoff flüchtiger ist und sich schwieriger zersetzt als jene. Der Versuch gab folgende Zahlen :

      Gewicht der angewandten Substanz   0.1795
      Volumen des Dampfes   53,11 ccm
      Temperatur   152° C.
      Barometerstand   324'''
      Abzuziehender Druck   29'''

Das aus diesem Versuche berechnete specifische Gewicht beträgt 4,63; der Theorie zufolge müsste es 4,547 betragen. nämlich :

   30   4 Vol. Kohlenstoffdampf   3,371
   12   »   Wasserstoff   0,825
    2   »   Arsenik   10,367
    2   »   Cyan   3,638
                         18,191 : 4 = 4,547.[15])

Aus diesem Verdichtungsverhältnisse und dem des Kakodyloxyds lässt sich das specifische Gewicht des Kakodyldampfes mit Wahrscheinlichkeit ableiten. In zwei Maasstheilen Kakodyloxyd ist ein Maasstheil Sauerstoff enthalten : der andere entspricht dem organischen Radikal. Gehen wir von den Verdichtungsverhältnissen der anorganischen Verbindungen aus, so kann dieses Radikal einem oder zwei Maasstheilen entsprechen. Im ersten Falle würden die Bestandtheile zu gleichen Raumtheilen ohne Verdichtung, wie im Chlorwasserstoff etc. zusammengetreten sein: im anderen würden, wie im Wasser, drei Maasstheile

sich zu zweien **verdichtet haben. Dass das letztere der** Fall ist,
ergiebt sich **aus dem specifischen Gewichte des** Cyankakodyls
und der übrigen **Salzbil**derverbindungen. **Vier** Maasstheile der
Cyanverbind**ung** enthalten **zwei Maasstheile Cyan. Setzt man
voraus, dass die Salz**bilder dieselben Verdichtungsverhältnisse
in ihren organi**schen Verbind**ungen wie in ihren** anorganischen
befolgen, so muss das Radical **ohne Verdichtung in der Verbindung enthalten** sein, **und mithin zwei Maasstheilen entsprechen, woraus sich das specifische Gewicht desselben leicht
ergiebt. nämlich:**

$$
\begin{array}{rll}
4 \text{ Vol.} & \text{Kohlenstoff} & 3.371 \\
12 \text{ »} & \text{Wasserstoff} & 0,825 \\
2 \text{ »} & \text{Arsenik} & \underline{10,367} \\
& & 14,563 : 2 = 7,281.
\end{array}
$$

Eine ähnliche **Betrachtung über die Condensationsverhältnisse** des Schwefelkakodyls **und des Chlorkakodyls führt auf
denselben Schluss.**

[31   5. **Kakodylchlorür.**

**Durch Destillation von Kakodyloxyd mit Chlorwasserstoff-
säure kann diese Verbindung nicht rein erhalten werden, weil
sich zugleich ein Oxychlorid bildet, das durch wiederholte
Destillation mit der Säure nicht völlig zersetzt wird. Um** sie
frei von dieser Verunreinigung darzustellen, ist es am einfach-
sten, Quecksilberchlorid-Kakodyloxyd mit höchst concentrirter
Chlorwasserstoffsäure **zu destilliren, das erhaltene** Product, ohne
es mit **Wasser in Berührung zu bringen,** über Chlorcalcium und
Aetzkalk **zu trocknen und für sich der** Destillation **in einer mit**
Kohlensäure **gefüllten hermetisch** verschlossenen **Röhre zu**
unterwerfen.

$$
\begin{array}{l}
\text{Kd O} + \text{Hg}_2\,\text{Cl}_4 \\
\qquad \text{H}_2\,\text{Cl}_2
\end{array}
\left\{
\begin{array}{l}
\text{Kd Cl}_2 \\
\text{H}_2\,\text{O} \\
\text{Hg}_2\text{Cl}_4.
\end{array}
\right.
$$

Der auf diese Weise erhaltene Stoff bildet ein vollkommen
wasserhelles **ätherartiges Liquidum, welches bei** — 45°C. noch
nicht **erstarrt, und sich** nicht **weit über 100° C. in ein** farbloses
Gas verwandelt, das sich von **selbst an der Luft** entzündet. Für
sich erhitzt, verbrennt die Flüssigkeit **mit einer** fahlen Arsenikflamme, **unter Absatz von Arsenik** oder arseniger Säure, je

nachdem die Luft zur völligen Verbrennung hinreicht oder nicht. In einer abgeschlossenen Atmosphäre von Sauerstoff erhitzt, explodirt die Verbindung auf das Heftigste. Bei langsamem Luftzutritt setzt sie sehr schöne wasserhelle Krystalle ab, auf die ich später zurückkommen werde. In Chlorgas entzündet sie sich von selbst und verbrennt unter Absatz von viel Kohle. An der Luft raucht sie nicht im Geringsten, verbreitet aber einen furchtbar durchdringenden und betäubenden Geruch, welcher den des Alkarsins an Stärke bei weitem übertrifft. In grösserer Menge bewirkt er einen solchen Reiz auf der Schleimhant der Nase, dass diese anschwillt und die Augen mit Blut [32] unterlaufen. Ich kenne ausser dem Akrolein keinen Stoff, der in dieser Beziehung mit dem Chlorkakodyl verglichen werden könnte. Es sinkt im Wasser unter und theilt demselben, ohne sich in bemerkbarer Menge darin aufzulösen, seinen penetranten Geruch mit.

In Aether ist er ebenfalls unlöslich, Alkohol dagegen löst ihn in allen Verhältnissen auf. Verdünnte Salpetersäure nimmt den Stoff ohne Zersetzung auf, concentrirte dagegen bewirkt Entzündung und Explosion. Das Chlor lässt sich durch Silbersalze völlig aus dieser Auflösung fällen. Trockner Aetzkalk und Baryt entzieht der Substanz keine Salzsäure. Auch durch Ueberleiten der Dämpfe über erhitzten Kalk wird nicht eher Chorcalcium gebildet, bis die Temperatur bis zur völligen Zersetzung des Radicals gestiegen ist. Eine alkoholische Kalilösung zersetzt den Stoff unter Ausscheidung von Chlorkalium und Bildung einer flüchtigen ätherartigen, nicht chlorhaltigen Substanz $(C_4 H_{10} As_2 ?)$, die leicht in Wasser und Alkohol löslich ist, und eigenthümlich durchdringend riecht. Durch trocknes Ammoniakgas wird der Stoff in eine weisse Salzmasse verwandelt, die mit Alkohol behandelt Salmiak zurücklässt. Auf die bei diesen Zersetzungen entstehenden Producte werde ich später zurückkommen. Schwache Säuren sind ohne Einwirkung. Schwefelsäure und Phosphorsäure dagegen machen Chlorwasserstoffsäure frei.

Die Analyse lässt sich nur mit chromsaurem Bleioxyd anstellen, da durch Kupferoxyd noch vor der Verbrennung eine plötzliche unvollkommene Zersetzung eintritt.

I. 0,7165 Substanz gaben 0,4620 Kohlensäure und 0,282 Wasser.

II. 0,947 Substanz gaben 0,602 Kohlensäure und 0,374 Wasser.

33 0,3405 g der Substanz gaben 0,308 Chlorsilber und

0,06 g bei der Verbrennung des Filters erhaltenes Silber. Berechnet man den Arsenikgehalt aus dem Verlust, so ergiebt sich folgende Zusammensetzung:

		I.	II.	berechnet.
Kohlenstoff	C_2	17,83 —	17,57 —	17.32
Wasserstoff	H_{12}	4.37 —	4,31 —	4,24
Arsenik	As_2	»	»	53,34
Chlor	Cl_2	22.90 —		25,10
		100,00 —	100,00 —	100,00.

Der etwas zu gering gefundene Chlorgehalt erklärt sich leicht aus einer geringen Verunreinigung dieser Verbindung durch Kakodyloxychlorür, dessen Bildung sich nicht ganz vermeiden lässt.

Die Bestimmung der Dampfdichte gab folgendes Resultat:

Angewandte Substanz	0,414
Beobachtetes Volumen	102,0 ccm
Abzuziehender Quecksilberdruck der Oelsäule	7,6'''
Abzuziehender Quecksilberdruck	8,5'''
Temperatur	117° C.
Barometerstand	332'''

Aus diesem Versuche findet sich das specifische Gewicht zu 4,56. Die Rechnung giebt:

4 Vol.	Kohlenstoff	3,371
12 »	Wasserstoff	0,825
2 »	Arsenik	10,365
2 »	Chlor	4,880
		19,441 : 1 = 4,86. [16])

Die Bestandtheile sind daher, wie sich erwarten liess, auf dieselbe Weise verdichtet, wie in der Cyanverbindung, [34 indem auch hier ein Maasstheil Kakodyldampf mit einem Maasstheil Chlor ohne Condensation vereinigt ist.

6. Wasserhaltiges Kakodylchlorür.

Leitet man über Schwefelsäure und Chlorcalcium getrocknetes Chlorwasserstoffgas, unter sorgfältiger Vermeidung des Luftzutritts, in reines Kakodyloxyd, so wird dasselbe mit grosser Heftigkeit unter bedeutender Erhitzung absorbirt. Die Flüssigkeit theilt sich dabei in zwei Schichten, indem sich zugleich eine kaum ein halbes Procent von der angewandten

Substanz betragende Menge eines ziegelrothen Stoffes aussondert, auf den ich später zurückkommen werde. Befindet sich die Flüssigkeit, um die schnell zum Kochpunkt steigende Erhitzung zu vermeiden, in einer Kältemischung und fährt man mit dem Einleiten des Gases so lange fort, bis keine Absorption mehr stattfindet, so erhält man eine homogene Flüssigkeit, aus der schon bei Berührung mit eckigen Körpern eine grosse Menge Gas wieder entweicht. Erhitzt man das auf diese Art erhaltene Product in einer Atmosphäre von Kohlensäure, bis kein Gas mehr ausgetrieben wird, so theilt es sich wieder in jene beiden Schichten, die sich auch bei der Destillation in der Vorlage wiederfinden. Die obere ist dünnflüssig und zeigt alle Eigenschaften des Kakodylchlorürs, die untere dagegen besitzt eine so zähe dickflüssige Beschaffenheit, dass sie nicht durch fein ausgezogene Glasröhrchen aufgesogen werden kann, was bei der oberen sehr leicht geschieht. Da bei dieser Zersetzung ausser den erwähnten Stoffen keine anderen weiter entstehen, so kann die untere Schicht nichts anderes sein, als ein wasserhaltiges Chlorkakodyl. Es folgt nämlich aus den früheren Betrachtungen, dass bei der Einwirkung des Gases auf das Oxyd Kakodylchlorür und Wasser entsteht, welches letztere daher, da es weder in der gebildeten Verbindung aufgelöst sein kann, noch sich abscheidet, im 35 Entstehungsmomente die ihm direkt mangelnde Eigenschaft erlangt, mit dem Chlorür zusammenzutreten. Bei der Destillation entweicht dieses Wasser zum Theil mit dem überschüssig aufgelösten Gase; daher die Theilung der Flüssigkeit in jene beiden Schichten, welche aus dem wasserfreien und wasserhaltigen Chlorür bestehen, die nur wenig in einander auflöslich sind. Dass diese Ansicht die richtige ist, ergiebt sich zugleich aus dem Umstande, das Chlorcalciumstücke in der erwähnten zähen Flüssigkeit zerfliessen und ein Chlorkakodyl zurücklassen, welches fast chemisch rein ist. Eine Analyse dieser interessanten Verbindung habe ich nicht anstellen können, da sie sich, wie erwähnt, bei der Destillation unter Ausgabe von Wasser zersetzt und ohne diese Destillation durch darin aufgelöste Chlorwasserstoffsäure verunreinigt ist.[17]

7. Kakodyljodür.

Bei der Destillation von Kakodyloxyd mit concentrirter Jodwasserstoffsäure sammelt sich in der Vorlage unter dem mit übergehenden Wasser ein gelbliches ölartiges Liquidum an, aus dem sich bei dem Erkalten Krusten einer gelben festen Substanz absetzen, die bei langsamer Abkühlung in sehr schön ausgebildeten durchsichtigen rhomboidalen Tafeln anschiesst. Um die flüssige Substanz, welche Kakodyljodür ist, von dieser festen zu trennen, kühlt man die Vorlage in einer Kältemischung ab, trennt das allein flüssig bleibende Jodür und destillirt es noch einmal mit concentrirter Jodwasserstoffsäure. Das von dem festen krystallinischen Stoffe getrennte Eis liefert während des Aufthauens noch eine beträchtliche Menge des Jodürs, welches indessen weniger rein ist. Um es von Wasser und der überschüssigen Jodwasserstoffsäure zu trennen, lässt man es in einer mit Kohlensäure gefüllten, hermetisch verschlossenen Glasröhre einige Tage mit Aetzkalk und Chlorcalcium in Berührung, und 36 destillirt es zuletzt in einer ebenfalls hermetisch verschlossenen und mit Kohlensäure gefüllten Glasröhre, bis die Hälfte oder höchstens zwei Drittel übergegangen sind. Das auf diese Weise erhaltene Jodür bildet ein dünnflüssiges gelbliches Liquidum von einem Ekel erregenden durchdringenden, dem Chlorkakodyl ähnlichen Geruche. Es besitzt ein bedeutendes specifisches Gewicht; Chlorcalcium schwimmt darauf, Aetzkalk dagegen sinkt darin zu Boden. Bei —10° C. ist es noch flüssig. Der Kochpunkt scheint bedeutend über 100° C. zu liegen; jedoch destillirt die Flüssigkeit mit Wasserdämpfen leicht über. Der Dampf ist gelb gefärbt, wie das Gas der unterchlorigen Säure. An der Luft raucht die Substanz nicht; wird sie aber nur kurze Zeit der Luft ausgesetzt, so bilden sich sehr schöne prismatische Krystalle darin, welche die Gestalt geschobener vierseitiger Prismen besitzen, mit einer gegen die kleineren Seitenkanten gerichteten Abstumpfung. Diese Form könnte, so weit es sich ohne genauere Winkelmessungen beurtheilen lässt, dem Alkargen angehören und durch eine Verlängerung der Hauptachse und eine abnorme Vergrösserung der einen Zuschärfungsfläche bis zum Verschwinden der anderen entstanden sein. Das Jodkakodyl ist löslich in Aether und Alkohol, aber unlöslich in Wasser. Schwefelsäure zersetzt es unter Ausscheidung von Jod; ebenso Salpetersäure. An der Luft erhitzt, verbrennt es mit hellleuchtender russender Flamme unter Entwickelung von Joddämpfen. Gegen Sublimat verhält es sich, wie die übrigen bereits betrachteten Körper. Die erste Analyse wurde mit chromsaurem Bleioxyd angestellt.

I. 1,0095 Substanz gaben 0,3730 Kohlensäure und 0,235 Wasser.

Da eine kleine Menge Jod bei der Verbrennung ausgeschieden und mit in das Chlorcalciumrohr übergeführt war, so wurde der Versuch mit Kupferoxyd in einem [37] Verbrennungsrohr wiederholt, dessen vorderer Theil mit Kupferdrehspähnen angefüllt war. Es zeigte sich eine Spur von Jod im Chlorcalcium:

II. 1,3590 Substanz gaben 0,5215 Kohlensäure und 0,3160 Wasser.

III. 1,1650 gaben 0,4570 Kohlensäure und 0,2735 Wasser.

Zur Bestimmung des Jodgehalts wurden 1,254 der Verbindung in schwachem Alkohol gelöst, durch salpetersaures Silberoxyd gefällt und unmittelbar nach der Fällung mit Salpetersäure erwärmt. Die Lösung gab 1,317 geglühtes Jodsilber.

1,201 der Verbindung mit Zinkoxyd oxydirt gaben 0,8605 Schwefelarsenik. 0,728 davon, mit Salpetersäure oxydirt, lieferten 1,0142 schwefelsauren Baryt und 0,2683 Schwefel.

Die Zusammensetzung der Substanz ist daher

		I.	II.	III.	berechnet.
Kohlenstoff	C_4	10,21 —	10,76 —	10,84 —	10,55
Wasserstoff	H_{12}	2,58 —	2,62 —	2,61 —	2,58
Arsenik	As_2	» —	» —	31,47 —	32,43
Jod	J_2	ι —	» —	55,25 —	54,44
				100,17 —	100,00.

Die Versuche, welche ich zur Bestimmung der Dampfdichte angestellt habe, führten zu keinem Resultate, da die Verbindung noch unter ihrem Kochpunkte theilweise durch Quecksilber, unter Bildung von Jodquecksilber, zersetzt wird. Die Verbindungsverhältnisse dürften indessen nicht von denen des Chlorkakodyls verschieden sein. Legt man die erhaltenen Zahlenresultate, denen die Formel $C_4 H_{12} As_2 + J_2 = Kd J_2$ entspricht, zum Grunde, so erhält man für die berechnete Dampfdichte:

[38]

4	Vol.	Kohlenstoffdampf	3,371	
12	»	Wasserstoff	0,825	
2	»	Arsenikdampf	10,367	
2	»	Joddampf	8,701	
			23,264 : 4	$= 5,816.$

8. Kakodylbromür.

Diese Verbindung, welche erhalten wird, wenn man höchst
concentrirte Bromwasserstoffsäure mit Quecksilberchlorid-Kakodyloxyd der Destillation unterwirft, bildet eine nicht rauchende
gelbgefärbte Flüssigkeit, die in ihren Eigenschaften auf das
Vollkommenste mit dem Chlorkakodyl übereinstimmt. Ich habe
es daher für überflüssig gehalten, eine Analyse derselben anzustellen, da kein Zweifel darüber obwalten kann, dass ihre Zusammensetzung der Formel $C_4 H_{12} As_2 + Br_2 = Kd Br_2$ entspricht. Mit Wasser erhitzt, wird dieser Stoff in ein an der
Luft rauchendes Oxybromür verwandelt, auf das ich später
zurückkommen werde.

9. Kakodylfluorür.

Auch dieser Stoff wird auf dieselbe Art erhalten, wie die
vorstehend beschriebenen. Er bildet eine farblose Flüssigkeit
von unerträglich widrigem und stechendem Geruch, die in Wasser unlöslich ist, aber ebenfalls eine Zersetzung durch dasselbe
zu erleiden scheint. Da der Stoff Glas zersetzt, würde er nur
in besonderen Platingefässen rein erhalten werden können.
Aus seiner Entstehung und Zersetzung, welche ebenfalls mit der
der übrigen hierhergehörigen Verbindungen genau übereinstimmen, ergiebt sich, dass seine Zusammensetzung keine andere sein kann, als die der Formel $C_4 H_{12} As_2 + F_2 = Kd F_2$
entsprechende.

C. Oxyhaloidsalze des Kakodyls.

Die in diesem Abschnitte zusammengefassten Stoffe sind in
vieler Beziehung merkwürdig. Sie bietet ein Beispiel 39] von
Verbindungen organischer Oxyde mit Haloidsalzen dar, die sich
direkt aus ihren näheren Bestandtheilen bilden und auch direkt
wieder in dieselben zerlegen lassen. Ihre Entstehung fällt mit
einer Zersetzungserscheinung zusammen, welche im Gebiete der
anorganischen Chemie zu den gewöhnlichsten gehört, bei organischen Stoffen dagegen, wie ich glaube, gänzlich neu ist. Die
Chlorverbindungen des Wismuths, des Zinnes, des Antimons
und vieler anderer Metalle zerfallen bekanntlich theilweise
unter Einwirkung von Wasser in Chlorwasserstoffsäure und
Oxyd, das in Verbindung mit dem unveränderten Chlorid Stoffe

erzeugt, die wir basische Chlorverbindungen oder Oxychlo-
ride nennen. Das Kakodyl zeigt ein auf das Vollkommenste
mit jenen Metallen übereinstimmendes Verhalten. Wir sehen
unter denselben Verhältnissen dieselben Verbindungen daraus
hervorgehen. Diese Oxyhaloide bilden sich ausserdem durch
direkte Verbindung ihrer näheren Bestandtheile. Dieselbe
Erscheinung beobachten wir wieder bei den Verbindungen
des Kakodyls. Wie sich Quecksilberchlorid mit dem Oxyde
desselben Metalls vereinigt, ebenso tritt das Oxyd des Kakodyls
mit dem Jodür desselben zu einer krystallisirbaren Verbindung
zusammen.

Die Ansichten über die Constitution dieser Körper sind
getheilt. Man hat sie als Verbindungen von Oxyden mit Haloi-
den betrachtet, oder aber als Oxyde, in denen ein Theil der
Sauerstoffatome durch das entsprechende Aequivalent des Salz-
bilders ersetzt ist. Versucht man es, diese letztere Ansicht auf
die Kakodylverbindungen anzuwenden, so ergeben sich Thatsachen, welche mit den Vorstellungen im Widerspruche stehen,
die allgemein in der Wissenschaft als richtig anerkannt sind.
Wir können daher über die Interpretation der erhaltenen Resultate nicht in Zweifel sein, und glauben darin einen gewich-
tigen Grund für die Ansicht zu **40** finden, dass es weniger die
Zahl und Lagerung der Atome, als der in ihrer Natur begrün-
dete Gegensatz ist, in welchem wir das wahre Wesen der organischen Verbindung zu suchen haben. Je mehr sich gegenwärtig die Forschungen der Wissenschaft auf einem Felde
bewegen, wo sich dieser Gegensatz allerdings der Wahrnehmung
zu entziehen scheint, um so wichtiger dürfte es sein, die Fälle
hervorzuheben, wo er sich mit derselben Bestimmtheit ausspricht, die für den Entwicklungsgang der anorganischen Chemie
so bedeutungsvoll gewesen ist. Die nachstehenden Resultate
werden diese Bemerkung rechtfertigen.

10. Quecksilberchlorid-Kakodyloxyd.

Diese Verbindung entsteht durch Einwirkung von Sublimat
auf Kakodyloxyd. Versetzt man eine verdünnte alkoholische
Lösung des letzteren mit einer gleichfalls verdünnten Sublimatlösung, so bildet sich ein voluminöser weisser Niederschlag, der
aus einem Gemenge jener Verbindung mit Quecksilberchlorür
besteht. Der penetrante Geruch der Flüssigkeit verschwindet dabei vollkommen. Durch Auspressen des erhaltenen

Niederschlags zwischen Löschpapier, Wiederauflösen in kochendem Wasser und dreimaliges Umkrystallisiren kann man den Stoff leicht vom Quecksilberchlorür befreien und völlig rein erhalten. Die Darstellung gelingt noch leichter mit der Flüssigkeit, welche man durch langsame Oxydation des Kakodyloxyds an der Luft erhält, und die im Alkohol leicht löslich ist. In beiden Fällen darf man indessen nie so viel von der Chlorverbindung hinzusetzen, dass die Auflösung geruchlos wird, weil ein Ueberschuss von Sublimat die gebildete Verbindung sogleich wieder zersetzt. Wendet man diese Vorsicht nicht an, so erhält man oft nur Quecksilberchlorür und läuft Gefahr, die ganze Darstellung zu verlieren. Uebrigens eignet sich jede dem Oxyde entsprechende Verbindungsstufe des Kakodyls gleich [41] gut zur Bereitung dieses Stoffes. Die Verbrennung desselben gelingt am besten mit Kupferoxyd in einem sehr langen Verbrennungsrohr, dessen vorderer Theil chromsaures Bleioxyd enthält. Da es nicht ganz vermieden werden kann, dass eine kleine Menge Quecksilberchlorür mit in das Chlorcalciumrohr übergeht, so wurden an dem etwas langen Stiele desselben zwei Kugeln angebracht, um das mit übergetriebene Chlorür für sich aufzufangen. Es setzte sich schon in der ersten Kugel vollständig ab und konnte, nachdem der Apparat gewogen war, durch Abschneiden des Stiels und Austrocknen desselben genau bestimmt werden. Zur Analyse wurde eine aus reinem Cyankakodyl bereitete, dreimal umkrystallisirte, über Schwefelsäure im luftleeren Raum bei gewöhnlicher Temperatur getrocknete Substanz angewandt.

I. Angewandte Substanz 2,162
Wasser und Quecksilberchlorür 0,4235
Quecksilberchlorür 0,0805
Kohlensäure 0,4870

II. Angewandte Substanz 1,3245
Wasser und Quecksilberchlorür 0,2140
Quecksilberchlorür 0,004
Kohlensäure 0,300.

Zu der Bestimmung des Quecksilbers habe ich mich einer Methode bedient, welche eine grosse Genauigkeit zulässt und in jeder Beziehung vor der gewöhnlichen auf nassem Wege den Vorzug verdient. Es wurden nämlich 2,082 g der Substanz mit einem Gemenge von Kalk und chlorsaurem Kali in einem

mit dem offenen Ende einige Zoll aus dem Ofen hervorstehenden
Verbrennungsrohr, in dessen hinterem Ende sich ein Stückchen
chlorsaures Kali befand, unter Beobachtung der bei den organischen Analysen üblichen Vorsichtsmaassregeln geglüht. Nach
Beendigung der Gasentwicklung wurde der hervorstehende.
das abdestillirte [42] Quecksilber enthaltende Theil der Röhre
abgesprengt, gewogen, getrocknet, gereinigt und wieder gewogen. wobei sich ein Gehalt von 1,0593 g Quecksilber ergab.
Bei Wiederholung des Versuchs mit 1,142 g Substanz wurden
0,579 Quecksilber erhalten.

Der Arsenikgehalt wurde auf die Art ermittelt, dass 0,8584 g
des Stoffes in einem Verbrennungsrohre mit einem Gemenge von
zwei Theilen chlorsaurem Kali und einem Theile Kalk oxydirt
und von Quecksilber getrennt wurden. Der Inhalt des Verbrennungsrohrs in Salzsäure aufgelöst, gab 0,3745 queck-
silberfreies Schwefelarsenik. 0,3270 g dieses Niederschlags in
rauchender Salpetersäure aufgelöst, hinterliessen 0,004 Rückstand und lieferten mit Chlorbarium gefällt, 1,2953 schwefelsauren Baryt. Dieser Versuch entspricht 19,25 % Arsenik.
Da Chlorsilber in einer Quecksilber enthaltenden Flüssigkeit
nicht ganz unlöslich ist, so wurden 2,082 der Verbindung zur
vorgängigen Trennung des Quecksilbers auf die gewöhnliche
Weise über glühenden Kalk geleitet. Dieser Kalk in Essigsäure
aufgelöst und mit salpetersaurem Silberoxyd gefällt. lieferte
1,450 Chlorsilber und 0,0528 mit dem verbrannten Filter erhaltenes Silber.

Fasst man das Resultat dieser Versuche zusammen, so ergiebt sich für diese Verbindung eine Zusammensetzung, die dem
nachstehenden Atomverhältnisse nahe kommt:

		I.	II.	berechnet.
Kohlenstoff	C_4	6,23 —	6,26 —	6,32
Wasserstoff	H_{12}	1,76 —	1,76 —	1,55
Arsenik	As_2	19,25 —	» —	19,13
Sauerstoff	O	3,94 —	» —	2,06
Quecksilber	Hg_2	50,80 —	50,70 —	52,33
Chlor	Cl_4	18,02 —	» —	18,30
		100,00		100,00.

Für die Richtigkeit dieser Annahme in Beziehung auf [43]
Kohlenstoff, Wasserstoff, Arsenik, Quecksilber und Chlor liefert
die Uebereinstimmung der Rechnung und des Versuchs den

anzweifelhaften **Beweis**. **Nicht mit gleicher** Sicherheit lässt
sich dagegen diese Annahme bei dem Sauerstoff rechtfertigen.
Wir können 1, 1$\frac{1}{2}$, ja selbst 2 Atome darin annehmen, ohne die
Fehlergrenze **zu überschreiten**, welche aus der unvermeidlichen
Unsicherheit der uns zu Gebote stehenden analytischen Methoden
entspringt. **Wenn ich** daher die in der Rechnung gemachte
Voraussetzung bei der nachstehenden Entwicklung zum Grunde
**lege, so geschieht dies nicht, weil ich sie für die einzig richtige
halte, sondern weil sie die Zersetzungserscheinungen des Stoffes
am einfachsten erklärt.** Resultate, auf die ich bei der Untersuchung einer höheren Oxydationsstufe des **Kakodyls** geführt
bin, machten es mir vielmehr sehr wahrscheinlich, dass die vorliegende Verbindung 1$\frac{1}{2}$ Atom Sauerstoff enthält. Ehe ich indessen nicht die Untersuchung jener Verbindung, die den
Schlüssel zur **Lösung dieser Frage zu enthalten scheint**, beendigt habe, wage ich es nicht, mich für die letztere Ansicht zu
entscheiden, die allerdings einige in der organischen Chemie
höchst ungewöhnliche Zersetzungserscheinungen voraussetzen
würde. **Indem ich** daher gegenwärtig von der ersten Voraussetzung ausgehe, behalte ich mir vor, in demjenigen Theile dieser Untersuchung, welcher die höheren Verbindungsstufen des
Kakodyls umfasst, auf diesen Gegenstand zurückzukommen.

Legen wir die empirische Formel C$_4$ H$_{12}$ As$_2$ O Hg$_2$ Cl$_4$ zum
Grunde, so ist die rationelle Zusammensetzung dieses Stoffes
einer doppelten Auslegung fähig. Wir können ihn als die Verbindung eines höheren Chlorkakodyls mit Quecksilberoxydul,
nämlich als KdCl$_4$ + Hg$_2$ O, oder als eine nach der Formel
KdO + Hg$_2$ Cl$_4$ ¹⁾ zusammengesetzte Verbindung von Kakodyloxyd mit Sublimat betrachten. Folgende [44] Gründe bestimmen
mich, der letteren Ansicht den Vorzug zu geben.

Versetzt man eine verdünnte Lösung des Körpers mit weniger Kalihydrat, als zur völligen Fällung des Sublimats erforderlich ist, so scheidet sich gelbes Quecksilberoxydhydrat aus, das
sich, indem es oxydirend auf das ausgeschiedene Kakodyloxyd
wirkt, nach wenigen Augenblicken in Quecksilberchlorür verwandelt. Dieses wird nun erst bei einem grösseren Zusatze von
Kalihydrat, unter Ausscheidung von Quecksilberoxydul, zersetzt, welches letztere abermals oxydirend auf das frei gewor-
dene Kakodyloxyd wirkt, und dadurch eine theilweise Reduction
erleidet. Kalihydrat zeigt daher ursprünglich Quecksilberchlorid in der Verbindung an, und die schwarze Fällung, welche
man unter Umständen dadurch erhält, muss als das Resultat

einer für sich bestehenden später eintretenden Zersetzung betrachtet werden.

Bei dem Uebergiessen der Verbindung mit Jodwasserstoffsäure entsteht augenblicklich rothes Quecksilberjodid, das sich
unter Ausscheidung gelber ölartiger Tropfen in der überschüssigen Säure auflöst. Bei der Destillation geht diese ölartige
Substanz über. Sie hat alle Eigenschaften und die Zusammensetzung des Jodkakodyls. In der Retorte bleibt jodwasserstoff-
saures Quecksilberchlorid zurück.

$$Kd\,O + Hg_2\,Cl_4 \left. \right\} \begin{array}{l} Kd\,J_2 \\ Hg_2\,Cl_4 + H_2\,J_2. \end{array}$$
$$2\ H_2\,J_2$$

Chlorwasserstoffsäure zeigt ein ganz analoges Verhalten.
Es entsteht Chlorkakodyl und Sublimat.

$$Kd\,O + Hg_2\,Cl_4 \left. \right\} \begin{array}{l} Kd\,Cl_2 \\ Hg_2\,Cl_4 \\ H_2\,O. \end{array}$$
$$H_2\ Cl_2$$

Die übrigen Wasserstoffsäuren bieten dieselben Erscheinungen dar.

45 Durch stärkere Sauerstoffsäuren, namentlich durch
Phosphorsäure, wird die Verbindung kaum zersetzt. Bei der
Destillation geht zwar Wasser über, welches nach Chlorkakodyl
riecht, aber nur eine so geringe Menge davon enthält, dass sich
kaum Spuren davon abscheiden. Dieses Verhalten spricht besonders gegen das Vorhandensein von Quecksilberoxydul in der
Verbindung.

Bei der Destillation mit phosphoriger Säure entsteht Chlorkakodyl unter Ausscheidung von Quecksilberchlorür, indem die
Säure das Kakodyloxyd reducirt, dessen Radical mit der Hälfte
vom Chlor des Sublimats zusammentritt:

$$2\ Kd\,O + Hg_2\,Cl_4) \left. \right\} \begin{array}{l} 2\ Kd\,Cl_2 \\ 2\ Hg_2\,Cl_2 \\ P_2\,O_5. \end{array}$$
$$P_2\,O_3$$

Ein grösserer Zusatz von phosphoriger Säure bewirkt endlich eine vollständige Reduction des Quecksilbers.

Metallisches Zinn, Quecksilber, und alle den Sublimat reducirende Substanzen zeigen ein gleiches Verhalten.

Goldchlorid und die leicht desoxydirbaren Metalloxyde werden in ihren Auflösungen durch das Kakodyloxyd-Quecksilber-

chlorid, wie durch das freie Oxyd reducirt, indem Chlorwasserstoffsäure und Kakodylsäure entsteht

$$\left.\begin{array}{l} Au_2\,Cl_3 \\ 3\,H_2O \\ Kd\,O \end{array}\right\} \begin{array}{l} Au_2 \\ 3\,H_2Cl_2 \\ Kd\,O_4. \end{array}$$

Die Zersetzung, welche der Stoff bei dem Kochen für sich
und namentlich bei einem Ueberschuss von Quecksilberchlorid
erleidet, beruht auf demselben Grunde. Es entsteht Quecksilberchlorür, welches zu Boden fällt, Chlorkakodyl, welches mit
den Wasserdämpfen entweicht, und Kakodylsäure, die in der
Auflösung bleibt

$$4\,(Kd\,O + Hg_2\,Cl_1) \left\{\begin{array}{l} 3\,Kd\,Cl_2 \\ Kd\,O_4 \\ 3\,Hg_2\,Cl_2 \\ Hg_2\,Cl_4. \end{array}\right.$$

Wenn gleich die Entstehung des Kakodyloxyd-Quecksilber-
chlorids in formeller Beziehung keine Schwierigkeiten darbietet,
so muss es doch im höchsten Grade auffallend erscheinen, wenn
wir das Kakodyloxyd, dessen Verwandtschaft zum Sauerstoff
einen solchen Grad erreicht, dass es sich mit diesem Gase in
Berührung momentan bis zur Entzündung erhitzt, unverändert
mit einer Substanz zusammentreten sehen, welche zu den kräf-
tigsten Oxydationsmitteln gehört, die wir kennen.

Diese Thatsache wäre allerdings wenig geeignet, obige Annahme in Beziehung auf den Sauerstoffgehalt zu unterstützen,
wenn nicht andererseits die Entstehung des Stoffes aus der
Flüssigkeit, welche man durch direkte Oxydation des Kakodyloxyds an der Luft erhält, auf eine Alternative führte, welche
diesen Umstand erklärlich macht.

Der Stoff nämlich, welcher in diesem gemengten Oxydations-
product die Bildung der Quecksilberverbindung bedingt, bildet
eine Flüssigkeit, die in ihrer Zusammensetzung fast vollkommen
mit dem Alkarsin übereinstimmt, rücksichtlich ihrer Eigenschaften aber sehr weit davon absteht, indem sie an der Luft
weder raucht, noch sich entzündet, und nur sehr langsam oxydirt wird.

Die mit diesem Stoff angestellten Versuche lassen es für den
Augenblick noch unentschieden, ob derselbe als eine isomere
Modification des Kakodyloxyds, oder als eine nach der Formel

Kd$_2$O$_3$ zusammengesetzte höhere Oxydationsstufe betrachtet
werden muss. Ist das erstere der Fall, so erklärt sich das Bestehen der Quecksilberverbindung einfach aus der schwierige-
ren Oxydirbarkeit dieser Modification. [47] Sollte sich dagegen
die letztere Ansicht als die richtige bewähren, und die Quecksilberverbindung nicht die niedere, sondern diese höhere Oxydationsstufe enthalten, so würde nicht nur die Bildung derselben
mit einer der gewöhnlichsten Reactionen zusammenfallen, sondern auch ihr Verhalten gegen oxydirende und reducirende
Mittel, so wie gegen die Wasserstoffsäuren der einfachsten Auslegung fähig sein, indem diese höhere Oxydationsstufe, durch
die Einwirkung der Wasserstoffsäuren, gleich den anorganischen
Hyperoxyden, in Kakodyloxyd und Kakodylsäure zerfallen
müsste, von denen das erstere für sich dann ferner die ihm
eigenthümlichen Zersetzungen erleiden würde. Ich hoffe durch
Versuche, mit denen ich jetzt beschäftigt bin, diese Alternative
entscheiden zu können, und werde in dem zweiten Theile dieser
Abhandlung, welche die höheren Verbindungsstufen umfasst,
auf diesen Gegenstand ausführlicher zurückkommen. [19]

Das Quecksilberchlorid-Kakodyloxyd bildet in dem Zustande, wie es durch Fällung erhalten wird, ein blendend weisses, krystallinisches Pulver. Aus seiner wässrigen Lösung
scheidet es sich bei dem Abkühlen in grossen, äusserst zarten,
atlasglänzenden Krystallschuppen aus. Bei langsamer Abkühlung kann es in kleinen rhombischen Tafeln mit Winkeln von
ohngefähr 60° und 120° krystallisirt erhalten werden. Die
Krystalle sind indessen zu klein, um eine genauere Messung zu
gestatten.

100 Theile kochendes Wasser lösen 3,47 Theile auf; bei
18° C. enthält die Lösung nur noch 0,21 Theile.

In Alkohol ist der Stoff ebenfalls löslich; kochender nimmt
mehr davon auf, als kalter. Es ist vollkommen geruchlos. Gelangt aber nur das geringste Stäubchen davon in die Nase, so
entsteht die Empfindung eines sehr lange anhaltenden unerträglichen Geruches. Der Geschmack ist [48] ekelhaft metallisch,
und schon im geringsten Grade Uebelkeit erregend. In grösserer Menge wirkt die Substanz ausserordentlich giftig. Sie zersetzt sich bei dem Erhitzen leicht, und verflüchtigt sich an der
Luft, ohne einen Rückstand zu hinterlassen. In verschlossenen
Gefässen geglüht, bildet sich, unter Ausgabe stinkender Dämpfe,
ein Sublimat von Quecksilberchlorid, Calomel und Erytrarsin,
indem eine lockere und poröse Kohle zurückbleibt, die an der

Luft unter Verbreitung eines Arsenikgeruchs leicht ohne Rückstand verbrennt.

11. Quecksilberbromid-Kakodyloxyd.

Dieser Stoff zeigt eine solche Uebereinstimmung mit der entsprechenden Chlorverbindung, dass ich es für überflüssig gehalten habe, eine Analyse desselben anzustellen. Er entsteht ebenfalls aus dem Kakodyloxyd, oder dem daraus an der Luft erhaltenen gemischten Oxydationsproducte auf Zusatz von Quecksilberbromid, und lässt sich durch Krystallisation leicht rein erhalten. Er bildet in diesem Zustande ein weisses krystallinisches Pulver, das einen kaum bemerkbaren Stich in das Gelbliche zeigt, und das weniger geneigt ist, aus seinen wässerigen Lösungen in Krystallblättern anzuschiessen, als die Chlorverbindung.

Es zeigt ohngefähr denselben Grad von Auflöslichkeit wie die Chlorverbindung, ist ebenfalls geruchlos, ekelhaft metallisch schmeckend und durch Kochen der wässerigen Lösung leicht zersetzbar. In verschlossenen Gefässen schwach erhitzt, schmilzt es, bevor es anfängt sich zu zersetzen. Bei stärkerem Erhitzen tritt eine Zersetzung ein; es entsteht Quecksilberbromid und -Bromür, welche sublimiren, und eine abdestillirende, stinkende, bromhaltige Flüssigkeit, während Kohle zurückbleibt. Bei dem Erhitzen an der Luft verbrennt der Stoff theilweise und verflüchtigt sich ohne [49] Rückstand. Das übrige Verhalten und die Zersetzungen, welche er zeigt, sind genau dieselben, welche ich bei der entsprechenden Chlorverbindung angegeben habe.

12. Basisches Chlorkakodyl.

Man erhält diesen Stoff bei der Behandlung des Chlorürs mit Wasser, oder noch leichter durch Destillation von Kakodyloxyd mit wässeriger Chlorwasserstoffsäure. Bei der ersten behufs der nachstehenden Versuche vorgenommenen Darstellung wurden 40 g Kakodyloxyd mit verdünnter Säure, und darauf mit Kreidepulver und Wasser bei völligem Luftausschluss destillirt. Das erhaltene Product über Chlorcalcium getrocknet, und in einer Destillationsröhre gereinigt, zeigte bei der Analyse mit chromsaurem Bleioxyd folgende Zusammensetzung:

I. 0,5682 Substanz gaben 0,5530 Kohlensäure und 0,3351 Wasser.

II. 0,7041 Substanz gaben 0,4377 Kohlensäure und 0,2688 Wasser.

0,6451 mit Nickeloxyd verbrannt, gaben 0,8005 Schwefelarsenik. 0,7480 g davon gaben 2,602 schwefelsauren Baryt und 0,055 durch Schmelzen von Feuchtigkeit befreiten Schwefel.

0,5419 g mit Salpetersäure und salpetersaurem Silberoxyd gekocht, gaben 0,3997 Chlorsilber und 0,04 durch Verbrennen des Filters erhaltenes metallisches Silber.

0,5298 g in einem Verbrennungsrohr über glühenden Kalk geleitet, gaben 0,407 Chlorsilber und 0,007 Silber. Der zu dem Versuche benutzte Kalk enthielt nach einem Präliminarversuch 0,0027 g Chlor.

Um jeden Zweifel über die Zusammensetzung dieser Substanz zu beseitigen, habe ich noch zwei Darstellungen derselben vorgenommen. Bei der ersten, deren Product ich [50 mit (a] bezeichnen will, wurde das Kakodyloxyd zweimal, bei der zweiten (mit b bezeichnet) dreimal mit concentrirter Chlorwasserstoffsäure destillirt. Die Untersuchung der auf diese Art erhaltenen und wie oben gereinigten Producte gab folgendes Resultat:

III. 0,679 Substanz (a) gaben 0,4387 Kohlensäure und 0,2642 Wasser.

1,3945 (a) mit Salpetersäure oxydirt, gaben 1,0247 Chlorsilber und 0,006 Silber.

0,7811 (b) auf dieselbe Art behandelt, lieferten 0,578 Chlorsilber und 0,0098 Silber.

Aus diesen Versuchen, von denen ich I. und III. als die genauesten betrachte, ergiebt sich folgende Zusammensetzung:

	I.	II.	III.	Mittel v. I. u. III.
Kohlenstoff	17,62 —	17,12 —	17,86 —	» — 17,74
Wasserstoff	4,29 —	4,24 —	4,32 —	» — 4,31
Arsenik	55,15 —	» —	» —	» — 55,15
Chlor	18,88 —	18,43 *)	18,69 —	18,34 — 18,78
Sauerstoff	4,10 —	» —	» —	» — 4,02
	100,00			100,00.

*) Der bei der Oxydation durch Salpetersäure etwas geringer gefundene Chlorgehalt erklärt sich leicht aus einem bei diesen Versuchen unvermeidlichen Verluste.

Aus dieser Zusammenstellung ergiebt sich für Kohlenstoff, Wasserstoff, Arsenik und Chlor genau das Atomverhältniss $C_4 H_{12} As_2 Cl_{1\frac{1}{2}}$. Wie viel von dem 4 % betragenden Sauerstoffgehalt der Verbindung wesentlich angehört, lässt sich aus der Analyse nicht unmittelbar bestimmen, da es trotz aller angewandten Sorgfalt unmöglich ist, eine partielle Oxydation der Verbindung völlig zu vermeiden, und sich ausserdem die sämmtlichen Beobachtungsfehler [51] bei dieser aus dem Verlust bestimmten Grösse summiren. Dass indessen dieser wesentliche Sauerstoffgehalt nicht viel über $1\frac{1}{2}$ % betragen kann, ergiebt sich aus dem Umstande, dass bei einer anderen Voraussetzung die übrigen mit grosser Genauigkeit ausgeführten Bestimmungen sämmtlich bedeutender, als es mit einer theoretisch möglichen Zusammensetzung des Körpers verträglich ist, ausfallen würden. Nimmt man, von diesem Umstande ausgehend, eine gegen 2 % betragende Sauerstoffverunreinigung an, so erhält man folgende berechnete und gefundene Zusammensetzung:

		gefunden		berechnet
Kohlenstoff	C_4	18,21	—	18,22
Wasserstoff	H_{12}	4,43	—	4,46
Arsenik	As_2	56,61	—	56.04
Chlor	$Cl_{1\frac{1}{2}}$	19,28	—	19,79
Sauerstoff	$O_{\frac{1}{4}}$	1.47	—	1.47
		100,00	—	100,00.

Diesen Zahlen zufolge muss die Verbindung als ein basisches Chlorkakodyl betrachtet werden, das aus 1 At. Oxyd und 3 At. der Chlorverbindung besteht, nämlich:

$$C_4 H_{12} As_2 + O + 3 (C_4 H_{12} As_2 + Cl_2)$$
$$= Kd O + 3 Kd Cl_2.$$

Die Entstehung der Substanz erklärt sich leicht: das Chlorkakodyl zerfällt unter Wasserzersetzung in Chlorwasserstoff und dieses basische Chlorür:

$$4 Kd Cl_2 \mid Kd O + 3 Kd Cl_2$$
$$H_2 O \int Cl_2 H_2.$$

Der Versuch zur Bestimmung der Dampfdichte lieferte folgende Daten:

Angewandte Substanz 0,247
Dampfvolumen . . . . 69,78 ccm

[52 Temperatur	164° C.
Barometerstand	328'''
In Beziehung auf das Oelbad corrigirtes, vom Barometer abzuziehendes Quecksilbervolumen	57,8'''

Die daraus berechnete Dichtigkeit beträgt 5,46. Sie stimmt
so genau, als es die Natur des Versuchs gestattet, mit der Voraussetzung überein, dass sich das Oxyd und Chlorür ohne Verdichtung mit einander verbunden haben:

$$3 \text{ Vol. Chlorkakodyl } 13,58$$
$$1 \text{ » Kakodyloxyd } 7,83$$
$$21,41 : 4 = 5,35.$$

Was die Eigenschaften dieser basischen Verbindung anbelangt, so kann ich mich im Allgemeinen auf das beziehen, was
ich bereits früher über das Verhalten der neutralen Chlorverbindung, mit der sie die grösste Aehnlichkeit besitzt, angeführt
habe. Sie unterscheidet sich jedoch von dieser durch einen bei
weitem milderen, indessen immer noch furchtbar durchdringenden Geruch, so wie durch die Eigenschaft, an der Luft weisse
Dämpfe auszustossen. Ihr Kochpunkt liegt bei 109° C.[29])

13. Basisches Bromkakodyl.

Auch dieser Stoff zeigt die grösste Uebereinstimmung mit
der entsprechenden Chlorverbindung, und wird auf dieselbe
Art erhalten. Er raucht an der Luft, ist gelb gefärbt, und
zeigt die Eigenthümlichkeit, bei dem Erwärmen farblos zu werden, bei dem Erkalten aber wieder seine ursprüngliche Farbe
anzunehmen. Bei dem Erhitzen mit metallischem Quecksilber
zeigt die Substanz ein sehr merkwürdiges Verhalten, das ich
aus Mangel an Material noch nicht weiter habe verfolgen können. Sie verwandelt sich nämlich ohne [53 Gasentwickelung
in eine feste citronengelbe, leicht schmelzbare Substanz, die
sich ohne Zersetzung in Dampf verwandeln lässt, und die mit
Wasser gekocht in Quecksilber und eine rauchende mit den
Wasserdämpfen entweichende Substanz zerfällt. Bei stärkerer
Erhitzung zersetzt sich der Stoff in Quecksilber, Quecksilberbromür und stinkende, arsenikhaltige flüchtige Producte. Da
er in seinen übrigen Eigenschaften durchaus mit dem Bromkakodyl übereinstimmt, so kann ich mich auf die Mittheilung der

Analyse desselben beschränken, welche mit einer Substanz angestellt wurde, die durch zweimalige Destillation von Kakodyloxyd mit ziemlich concentrirter Bromwasserstoffsäure erhalten und wie die entsprechende Chlorverbindung gereinigt war. Bei der Verbrennung mit chromsaurem Bleioxyd war der vordere Theil des Verbrennungsrohrs mit feinen Kupferdrehspähnen angefüllt, wodurch eine Verunreinigung des gebildeten Wassers durch Kupferbromür völlig vermieden wird.

I. 0,9150 Substanz gaben 0,2920 Wasser und 0,4750 Kohlensäure.

II. 0,9990 Substanz gaben 0,3305 Wasser und 0,5375 Kohlensäure.

0,8265 g in Alkohol aufgelöst, mit salpetersaurem Silberoxyd gefällt und mit etwas Salpetersäure erhitzt, gaben 0,636 Bromsilber und 0,026 Silber vom verbranuten Filter.

0,5988 mit Zinkoxyd oxydirt, in Salpetersäure aufgelöst, gaben nach Entfernung der Salpetersäure durch Schwefelsäure 0,6310 Schwefelarsenik, von welchem 0,590 nach der Oxydation 0,8882 schwefelsauren Baryt und 0,2148 Schwefel lieferten.

Diese Versuche geben folgende Zahlen :

54		I.		II.		berechnet.
Kohlenstoff	C_4	14,35	—	14,84	—	14,70
Wasserstoff	H_{12}	3,55	—	3,67	—	3,60
Arsenik	As_2	45,15	—	»	—	45,21
Brom	$Br_{1\frac{1}{2}}$	34,60	—	»	—	35,29
Sauerstoff	$O_{\frac{1}{2}}$	2,35	—	»	—	1,20
		100,00	—		—	100,00

woraus sich ergiebt, dass diese Verbindung eine dem basischen Chlorkakodyl vollkommen analoge Zusammensetzung besitzt, und daher durch die Formel $(C_4 H_{12} As_2 + O) + 3 \ C_4 H_{12} As_2 + Br_2 = KdO + 3 \ KdBr_2$ repräsentirt wird.

14. Basisches Jodkakodyl.

Das basische Kakodyljodür entsteht gleichzeitig mit dem Jodkakodyl bei der Destillation von Kakodyloxyd mit Jodwasserstoffsäure. Es setzt sich in gelben krystallinischen Krusten aus der neutralen Verbindung ab. Um es zu reinigen, presst man es unter luftfreiem Wasser zwischen Löschpapier einige Male

aus, wobei die neutrale flüssige Verbindung grösstentheils entfernt wird. Man kann sie auch durch Auflösen in absolutem
Alkohol reinigen, aus dem sie bei dem Erkalten in schönen
Krystallen anschiesst. Der anhängende Alkohol lässt sich
durch abermaliges Pressen unter Wasser entfernen. Vom Wasser endlich wird sie dadurch befreit, dass man sie einige Tage
im geschmolzenen Zustande mit Chlorcalciumstücken in Berührung lässt und dann für sich in der früher beschriebenen Röhre
zur Hälfte überdestillirt. Da dieser Stoff eine fast ebenso
energische Verwandtschaft zum Sauerstoff besitzt, wie das
Kakodyloxyd, so ist es nicht möglich, ihn frei von den sich
zugleich bildenden Oxydationsproducten zu erhalten. Es gelingt dies ebenso wenig, wenn man die ursprüngliche Substanz
zwischen mit Staniol umwickeltem Löschpapier in den Kasten
einer 55] Presse, durch welchen man einen ununterbrochenen
Strom Kohlensäure leitet, auspresst. Bei dem Entfernen des
Papiers aus dem Apparate und dem Eintauchen in Wasser erhitzt er sich durch die stattfindende Oxydation schon so bedeutend, dass er flüssig wird und gänzlich in das Papier eindringt.
Ich habe viele Versuche angestellt, um ihn in einem zur Analyse hinlänglichen Grade der Reinheit zu erhalten, die indessen
alle an der Unmöglichkeit gescheitert sind, den Luftzutritt
gänzlich abzuhalten. Obgleich ich aus diesem Grunde auf eine
Analyse desselben habe Verzicht leisten müssen, so giebt doch
sein Verhalten und seine Entstehung hinlänglichen Aufschluss
über seine Zusammensetzung. Man kann sich nämlich leicht
überzeugen, dass bei der Destillation des Kakodyloxyds mit
Jodwasserstoffsäure ausser der erwähnten neutralen und basischen Jodverbindung keine andere Substanz entsteht. Die in
Frage stehende Substanz kann daher nur aus einer Verbindung
von Jodkakodyl mit Kakodyloxyd, Wasser oder Jodwasserstoffsäure bestehen. Dass das letztere nicht der Fall ist, ergiebt
sich aus dem Umstande, dass Kakodyljodür mit Jodwasserstoff
digerirt oder destillirt unverändert bleibt. Dagegen gelingt es
leicht, ihn durch Vermischen des Jodürs mit dem Oxyde direkt
darzustellen. Diese beiden Stoffe lassen sich in allen Verhältnissen ohne sichtbare Veränderung im wasserfreien Zustande
mit einander mengen. Fügt man aber einen Tropfen Wasser
hinzu, so erstarrt die Auflösung augenblicklich zu einer gelben
Krystallmasse, die alle Eigenschaften der durch Destillation des
Kakodyloxyds mit Jodwasserstoffsäure erhaltenen Substanz
besitzt, und die sich, wenn man sie mit einer Wasserschicht

bedeckt. in denselben deutlichen Krystallen aus dem Wasser ausscheidet, wie man sie auch bei der auf die andere Weise erhaltenen Verbindung wahrnimmt. Erwägt man endlich noch, dass bei der Oxydation dieses **56** Stoffes an der Luft dieselben Producte entstehen, welche das Jodkakodyl und das Kakodyloxyd auch für sich unter denselben Verhältnissen erzeugen, so wird jeder Zweifel über die Richtigkeit der in Beziehung auf die Natur dieses Körpers aufgestellten Ansicht beseitigt. Ob indessen die atomistische Zusammensetzung desselben mit der der entsprechenden **Chlor-** und **Bromverbindung** übereinstimmt, lässt sich nicht im Voraus bestimmen, und dürfte bei der abweichenden äusseren Eigenschaft des Stoffes fast zu bezweifeln sein.

Er bildet eine gelblich gefärbte krystallinische Masse. die aus ihren **Auflösungen** in schönen, vollkommen durchsichtigen, rhombischen Tafeln krystallisirt. Im Wasser ist die Substanz nur wenig, in Alkohol dagegen sehr leicht löslich. Sie schmilzt bei einer weit unter dem Kochpunkt des Wassers liegenden Temperatur, und lässt sich unverändert überdestilliren. An der Luft stösst sie dicke weisse Dämpfe aus, erhitzt sich fast momentan, bis zum Flüssigwerden, und kann sich dabei selbst entzünden. Sie verbrennt mit russender Flamme unter Ausgabe von Joddämpfen.[21]

Sind diese **Verbindungen** von organischen Oxyden mit Haloidsalzen für die Ansichten, welche man über die Art der organischen Zusammensetzung aufstellen kann, von grossem Interesse, so ist es nicht minder wichtig, die Eigenthümlichkeiten festzustellen, durch welche sie sich von den analogen anorganischen Verbindungen dieser Art unterscheiden. Als eine solche Eigenthümlichkeit glaube ich den Umstand hervorheben zu müssen, dass dieses Oxyjodür weder durch Digestion noch durch Destillation mit Jodwasserstoffsäure in das einfache Jodür zurückgeführt werden kann. Die kräftige Verwandtschaft, welche diesem Beispiele zufolge unter einem Oxyde und einer Haloidverbindung desselben organischen Radicals stattfinden kann, scheint mir besonders geeignet, die Ansichten zu unterstützen, welche *Berzelius* über die **57** Constitution der durch Chlorsubstitution aus den Alkoholverbindungen erhaltenen Stoffe aufgestellt hat, und stellt die Möglichkeit in Aussicht, diese bisher nur durch den sogenannten Substitutionsprozess erzeugten Stoffe durch direkte Verbindung ihrer näheren Bestandtheile zu erzeugen.

Ich beschliesse diesen Abschnitt über die niederen Verbindungsstufen des Kakodyls mit einer übersichtlichen Zusammenstellung der bisher aufgefundenen und untersuchten Verbindungen, indem ich mir vorbehalte, die höheren Verbindungsstufen, die in ihrer Beziehung zu den bisher abgehandelten ein ganz besonderes Interesse darbieten, in einer späteren Abhandlung zu beschreiben:

$C_4 H_{12} As_2$	$= Kd$	Kakodyl.
$C_4 H_{12} As_2 O$	$= Kd O$	Kakodyloxyd.
$C_4 H_{12} As_2 S$	$= Kd S$	Kakodylsulfür.
$C_4 H_{12} As_2 Se$	$= Kd Se$	Kakodylselenür.
$C_4 H_{12} As_2 Cy_2$	$= Kd Cy_2$	Kakodylcyanür.
$C_4 H_{12} As_2 Cl_2$	$= Kd Cl_2$	Kakodylchlorür.
$C_4 H_{14} As_2 Cl_2 O$	$= Kd Cl_2 + H_2 O$	Wasserhaltiges Kakodylchlorür.
$C_4 H_{12} As_2 J_2$	$= Kd J_2$	Kakodyljodür.
$C_4 H_{12} As_2 Br_2$	$= Kd Br_2$	Kakodylbromür.
$C_4 H_{12} As_2 F_2$	$= Kd F_2$	Kakodylfluorür.
$C_4 H_{12} As_2 O Hg_2 Cl_4$	$= Kd O + 2 Hg Cl_2$	Kakodyloxyd-Quecksilberchlorid.
$C_4 H_{12} As_2 O Hg_2 Br_4$	$= Kd O + 2 Hg Br_2$	Kakodyloxyd-Quecksilberbromid.
$C_4 H_{12} As_2 Cl_{1\frac{1}{2}} O_{\frac{1}{2}}$	$= Kd O + 3 Kd Cl_2$	Basisches Kakodylchlorür.
$C_4 H_{12} As_2 Br_{1\frac{1}{2}} O_{\frac{1}{2}}$	$= Kd O + 3 Kd Br_2$	Basisches Kakodylbromür.
$C_4 H_{12} As_2 J_{1\frac{1}{2}} O_{\frac{1}{2}}$	$= Kd O + 3 Kd J_2$	? Basisches Kakodyljodür.

14 In meiner letzten Abhandlung über die Zersetzungsproducte der *Cadet*'schen Flüssigkeit[*]) bin ich von der Voraussetzung ausgegangen, dass die dieser Körperklasse angehörigen Verbindungen ein gemeinschaftliches Glied, das Kakodyl, enthalten, welches als der Repräsentant einer Verbindung erscheint, die mit allen Eigenschaften eines Metalles begabt ist.

Im Nachstehenden werde ich nun versuchen, den Beweis zu führen, dass dieses Glied, weit entfernt eine hypothetische [15] Fiction zu sein, in der Wirklichkeit existirt, und sich in der

---

That in isolirter Gestalt durch die Art seiner Verwandtschaft den Metallen anreiht. Wird durch diesen Umstand die Theorie der organischen Radicale, wenigstens so weit sie die vorliegende Körperklasse betrifft, zu einer unbestreitbaren Thatsache, so erlangt dadurch andererseits die Kakodylreihe selbst eine theoretische Bedeutung, die zu dem sorgfältigsten Studium ihrer Verbindungen auffordert. Es scheint mir daher nicht überflüssig, ehe ich mich zu der Betrachtung des Radicals selbst wende, zuvor noch einige neue Substanzen zu beschreiben, welche sich unmittelbar an die in dem frühern Abschnitte betrachteten betrachteten anreihen.

15. Parakakodyloxyd.[22]

Diese merkwürdige Verbindung, welche mit dem Kakodyloxyd gleiche Zusammensetzung besitzt, entsteht neben Kakodylsäure durch direkte Oxydation der reinen *Cadet*'schen Flüssigkeit. Lässt man, um eine Entzündung zu vermeiden, die Luft so lange zu derselben hinzutreten, dass die bei der Oxydation frei werdende Wärme in dem Maasse, als sie entsteht, von den umgebenden Körpern abgeführt wird, so erhält man eine syrupartige, mit Krystallen von Kakodylsäure erfüllte Masse, die sich in dem Verhältniss schwieriger mit dem Sauerstoff verbindet, als die Krystalle an Menge zunehmen. Selbst wenn man die Flüssigkeit bis 70° erhitzt, und mehrere Tage lang einen ununterbrochenen Strom Sauerstoff hindurch leitet, gelingt es nicht, sie ganz in diese Krystalle zu verwandeln. Löst man die erhaltene zähe Masse in Wasser, mit dem sie mischbar ist, auf, und unterwirft man dieselbe in dieser Auflösung der Destillation, so geht zuerst nach Alkarsin riechendes Wasser, und darauf, wenn die Temperatur bis ungefähr 120° C. gestiegen ist, eine ölartige in Wasser sehr schwer lösliche Flüssigkeit über, die über Aetzbaryt getrocknet und bei Ausschluss der Luft der Destillation unterworfen, das reine Parakakodyloxyd darstellt. Unterbricht man die Destillation, bevor die Temperatur von 135° C. erreicht 16 ist, so bleibt, ausser einer unwesentlichen Menge arseniger Säure, nur Kakodylsäure zurück, die mit etwas Parakakodyloxyd verunreinigt ist, und durch einfaches Pressen zwischen Löschpapier schon ziemlich rein erhalten werden kann.

Die Bildung des Parakakodyloxyds und die dieselbe begleitenden Erscheinungen erklären sich leicht daraus, dass die durch direkte Oxydation gebildete Kakodylsäure mit dem Oxyde zu einer salzartigen Verbindung zusammentritt, die im Wasser

löslich ist, kräftiger der Oxydation widersteht und bei 130° C.
wieder in ihre Bestandtheile zerfällt. Dabei scheint es weder
die Gegenwart der Kakodylsäure, noch die erhöhte Temperatur
zu sein, welche die Umwandlung des Oxyds in die isomere Modification bedingt; denn unterwirft man phosphorsaures Kakodyloxyd, welches ebenfalls in der Nähe von 130° C. zersetzt wird,
der Destillation, so erhält man das selbstentzündliche Oxyd in
allen seinen Eigenschaften unverändert wieder. Die Umwandlung dürfte daher auf denselben Erscheinungen beruhen, welche
die Umsetzung des Milchzuckers in Milchsäure unter dem Einflusse des sich langsam zersetzenden Caseins bedingt. Die zur
Analyse verwandte Substanz wurde durch eine zweimalige Darstellung erhalten. Bei der ersten stieg der Kochpunkt der ka-
kodylsäurehaltigen Flüssigkeit bis 150° C., bei der zweiten nur
bis 120° C.

I. 0,6976 Substanz von der ersten Darstellung gaben 0,337
Wasser und 0,510 Kohlensäure.

II. 0,779 derselben Substanz gaben 0,375 Wasser und
0,6025 Kohlensäure.

III. 0,524, auf dieselbe Art dargestellt, gaben 0,2515 Wasser und 0,1100 Kohlensäure.

Die zweite nur bis zu der Temperatur 120° C. destillirte
Flüssigkeit wurde aus einem Product erhalten, durch welches
bei 70° drei Tage lang Luft und 12 Stunden lang reines Sauerstoffgas geleitet war.

[17 IV. 0,4375 davon gaben 0,212 Wasser und 0,346
Kohlensäure.

V. 0,303 gaben 0,1175 Wasser und 0,2400 Kohlensäure.

Bei der durch Verbrennung mit Zinkoxyd bewirkten Arsenikbestimmung, zu der 0,38 Substanz verwandt wurden, fand
ein kleiner Verlust statt. Es wurden 0,578 Schwefelarsenik erhalten, von dem 0,194 g 0,123 Schwefel und 1,22 schwefelsauren Baryt gaben.

Eine Wiederholung des Versuchs war mir leider wegen
Mangels an Material nicht möglich. Die aus diesen Versuchen
berechnete Zusammensetzung ist:

		berechnet	I.	II.	III.	IV.
Kohlenstoff	C_4	21,52	21,10	21,38	21,87	21,90
Wasserstoff	H_{12}	5,27	5,36	5,34	1,38	5,41
Arsenik	As_2	66,17	63,03	73.28	72,75	72.69
Sauerstoff	O	7,04	"			
		100,00		100,00	100,00	100,00.

Man sieht, dass dieselbe vollkommen mit der des Kakodyloxyds übereinstimmt. Demungeachtet weicht die Verbindung in
ihren Eigenschaften wesentlich von diesem ab. Sie bildet zwar
eine wasserhelle, ölartige, dem Alkarsin ähnliche Flüssigkeit.
die einen eigenthümlichen durchdringenden Geruch besitzt, und
in ihrem Verhalten gegen Auflösungsmittel dem Kakodyloxyd
fast ganz gleich kommt, unterscheidet sich aber von demselben
wesentlich dadurch, dass sie an der Luft nicht im mindesten
raucht, und dabei nur sehr schwierig ohne merkliche Erhitzung
in Kakodylsäure übergeht. Ihre Dämpfe bei 50° C. bis 70° C.
mit atmosphärischer Luft gemengt, explodiren auf das heftigste.
Es ist mir nicht gelungen, zwischen den Verbindungen dieses
Stoffes und denen der entzündlichen Modification eine Verschiedenheit zu entdecken. Beide gaben, mit Wasserstoffsäuren.
Quecksilberchlorür, salpetersaurem Silberoxyd. Platinchlorid etc.
behandelt, [18 dieselben Producte. Ich war daher anfangs geneigt, die nicht entzündliche Modification für das reine Oxyd,
und die entzündliche für denselben Körper, verunreinigt mit
einer kleinen Menge des freien Radicals, zu halten. Diese Ansicht musste durch den Umstand bedeutend an Wahrscheinlichkeit gewinnen, dass einerseits die leichte Reducirbarkeit der
Kakodylverbindungen für die mit der Bildung des Oxyds
gleichzeitige Abscheidung des Radicals spricht, andererseits die
Verschiedenheit in den von *Dumas* und mir erhaltenen analytischen Resultaten ihre Erklärung dadurch finden würden. Allein
das Verhalten der Substanz gegen Cyanquecksilber deutet auf
einen tiefer liegenden Unterschied hin. Man beobachtet dabei
eine Zersetzung, die durchaus von der verschieden ist, welche
das Alkarsin zeigt. Es entsteht nämlich statt des Cyankakodyls
eine braune pulverförmige Substanz, die dem Paracyan im
Aeussern gleicht, und einen Geruch nach getrockneten Morcheln
besitzt.

Es ist schwer, einen zureichenden Grund für diese Isomerie
anzugeben, über die sich nur Vermuthungen aufstellen lassen.

unter welchen die Annahme, dass die fragliche Substanz das Hydrat einer Verbindung von der Form $C_4H_{10}As_2$ ist, auf den ersten Blick einige Wahrscheinlichkeit für sich hat. Denn diese Verbindung $C_4H_{10}As_2$ scheint in der That für sich bestehen zu können. Sie bildet sich bei der Einwirkung einer alkoholischen Kalilösung auf Chlorkakodyl. Es entsteht dabei Chlorkalium und eine mit concentrirter Aetzkalilösung nicht mischbare Flüssigkeit; die indessen selbst durch wiederholte Behandlung mit Aetzkali und nachherige fractionirte Destillation nicht völlig von Alkohol befreit werden kann. Offenbar beruht ihre Entstehung auf derselben Zersetzungserscheinung, welche die Bildung des Chloracetyls aus dem Chlorelayl bedingt. Nach dem Entwässern bildet dieser Körper ein wasserhelles, höchst dünnflüssiges, widerlich ätherartig nach Alkarsin riechendes Liquidum, welches dem Aethyloxyd an Flüchtigkeit fast nicht nachsteht, [19] und mit Alkohol und Wasser in allen Verhältnissen mischbar ist. Allein betrachtet man, von der Existenz der beschriebenen Verbindung ausgehend, das Parakakodyloxyd als $C_4H_{10}As_2 + H_2O$, so bleibt es auf der andern Seite unerklärlich, dass die Verbindung $C_4H_{10}As_2$ weder bei Behandlung mit starken Säuren abgeschieden, noch bei der Auflösung in Wasser wieder in das unlösliche Hydrat verwandelt wird. Es ist daher besser, den Grund dieser Isomerie für jetzt noch als unerklärt zu betrachten.

16. Salpetersaures Silberoxyd-Kakodyloxyd.

Löst man Kakodyloxyd in kalter Salpetersäure unter sorgfältiger Vermeidung einer Erhitzung auf, so erhält man ein schwach gelblich gefärbtes dickflüssiges Liquidum, welches erst bei dem Erhitzen unter lebhafter Gasentwickelung in Kakodylsäure übergeht. Salpetersaures Silberoxyd bringt in dieser, mit Wasser verdünnten, kalt erhaltenen Lösung einen reichlichen, weissen, körnigen, schnell zu Boden sinkenden Niederschlag hervor, der leicht durch wiederholte Dekantation mit kaltem, luftfreiem Wasser ausgewaschen werden kann. Dieser Niederschlag wird in Berührung mit organischen Körpern, so wie an der Luft und im Lichte zersetzt, und nimmt dabei eine gelbliche und zuletzt braune Farbe an. Im reinen Zustande bildet derselbe ein dem cremor tartari ähnliches, zwiebelartig riechendes Pulver, das, unter der Loupe betrachtet, aus demantglänzenden regulären Octaëdern mit den Flächen des Würfels und

Rhombendodekaëders, und aus den bei dem Alaun so häufig auftretenden Octaëdersegmenten besteht.

Kalte Salpetersäure löst den Stoff nicht auf, erwärmte dagegen bewirkt eine rasche Oxydation. Mit salpetersaurem Silberoxyd gekocht tritt unter Abscheidung eines Metallspiegels Reduction ein. Nach dem Trocknen über Schwefelsäure lässt er sich bis 90° unverändert, und ohne Wasser auszugeben, erhitzen, nimmt darüber hinaus eine bräunliche Färbung an, und 20 explodirt bei 100° C. unter Entzündung der sich dabei bildenden stinkenden Zersetzungsproducte.

I. 0,4167 der bei Ueberschuss von salpetersaurem Kakodyloxyd gefällten Substanz gaben 0,2155 Kohlensäure und 0,134 Wasser.

II. 0,7916 derselben nach zweimonatlicher Aufbewahrung braun gefärbten Substanz gaben 0,414 Kohlensäure und 0,257 Wasser.

III. 0,9730 einer bei Ueberschuss von salpetersaurem Silberoxyd aus einer nicht sehr sauren Flüssigkeit gefällten Substanz lieferten 0,4863 Kohlensäure und 0,301 Wasser.

IV. 1,256 der bei dem Versuch I. benutzten Substanz gaben durch vorsichtiges Erhitzen 0,270 arsenikfreies Silber.

V. 0,8250 der zum Versuch II. verwandten Substanz gaben 0,225 Chlorsilber und 0,0120 bei dem Verbrennen des Filters erhaltenes Silber.

VI. 0,522 der zu dem Versuch III. verwandten Substanz lieferten mit Zinkoxyd verbrannt 0,5397 Schwefelarsenik, von denen 0,452 durch Oxydation mit Salpetersäure 1,930 schwefelsauren Baryt gaben.

VII. Zur Bestimmung des Stickstoffgehalts in dieser Verbindung wurde die von mir bei der Analyse des Cyankakodyls in Anwendung gebrachte Methode benutzt, und dabei folgende Zahlen erhalten.

Anfängliches Volumen	175,5 ccm
Barometerstand	0,7433 m
Quecksilberniveau über dem Niveau der Wanne	0,3263 m
Temperatur	18°,6 C.
Tension des Wasserdampfes bei derselben Temper.	0,0158 m
Volumen nach Absorption der Kohlensäure	16,0 ccm
Barometerstand	0,7433
Quecksilberniveau über dem Niveau der Wanne	0,3948 m

Temperatur . . . .   18°,6 C.

Verhältniss des N zur CO_2 = 1 : 11,6.

21] Der aus diesem Verhältniss und dem bei der Analyse I. und II. gefundenen Kohlenstoffgehalte berechnete procentische Stickstoffgehalt beträgt daher 2,89.

Diese Versuche führen auf die nachstehende Zusammensetzung:

		berechnet.	gefunden.		
			I.	II.	III.
Kohlenstoff	C_{12}	14,35	14,50	14,46	13,82
Wasserstoff	H_{36}	3,52	3,57	4,61	3,44
Arsenik	As_6	44,13	45,54	»	»
Stickstoff	N_2	2,77	2,89	»	»
Silber	Ag	21,15	21,49	22,00	»
Sauerstoff	O_9	14,04	12,01	»	»
		100,00	100,00.		

Es ergiebt sich daher, dass die Verbindung aus 3 At. Kakodyloxyd . 1 At. Silberoxyd und 1 At. Salpetersäure besteht. Die Bildung derselben in einer sauren Flüssigkeit beweist, dass sie nicht nach Art der basischen Salze zusammengesetzt sein kann. Will man daher diesem organischen Oxyde nicht die Rolle vindiciren. welche das Krystallwasser in den Salzen spielt, wodurch man auf die wenig wahrscheinliche Formel Ag O, N_2O_5 + 3 KdO geführt wird. so bleibt nichts anderes übrig, als das fragliche Oxyd mit der Salpetersäure zu einer copulirten Doppelsäure oder mit dem Silberoxyd zu einer entsprechenden Doppelbase als vereinigt sich vorzustellen, nämlich: Ag O + 3 Kd O, N_2O_5 oder Ag O. 3 Kd O + N_2O_5. Die erstere Ansicht wird dadurch weniger wahrscheinlich, dass es nicht gelingt, die in der Formel angenommene Kakodylsalpetersäure auf andere Basen zu übertragen. Dagegen zeigt das Kakodyloxyd in der That die Eigenschaft. sich mit gewissen Basen zu verbinden. ohne auf ihre Sättigungscapacität zu influiren. Ich werde in der Folge Gelegenheit haben, eine ganze Reihe derartiger Stoffe zu beschreiben. welche aus der Copulirung des Platinoxyduls mit **22** Kakodyloxyd hervorgehen, und in denen nicht nur die Sättigungscapacität der Basen, sondern auch ihre Fähigkeit, von Reagenzien angezeigt zu werden, gänzlich verloren geht. Nimmt man die letztere Formel an. so erklärt sich daraus zugleich die schwere Zersetzbarkeit der Verbindung durch eine Lösung von Chlorbarium, und der Umstand, dass dabei neben flüchtigen Kakodylverbindungen nur salpetersaurer Baryt und Chlorsilber gebildet wird.

17. Chlorkakodyl-Kupfer.

Die Analogie des Kakodyls mit gewissen Metallen stellt sich auf eine höchst bemerkenswerthe Art auch in dem Verhalten seiner Halogenverbindungen heraus, welche den mit basischen Eigenschaften begabten metallischen Chlorverbindungen an die Seite gestellt werden können. Das Chlorkakodyl kann sich nämlich mit metallischen Chlorverbindungen zu Doppelchlorüren vereinigen, in welchen es wie das Chlorammonium im Platinsalmiak den elektronegativen Bestandtheil ausmacht. Die Zahl dieser Verbindungen scheint sehr gross zu sein. Allein ihre Unbeständigkeit legt der Untersuchung Hindernisse in den Weg, welche fast unüberwindlich sind. Der einzige Stoff, den ich bisher in einem zur Analyse hinlänglichen Grade der Reinheit habe erhalten können, ist das Chlorkakodylkupfer. Es bildet sich bei dem Vermischen einer alkoholischen Lösung von Kakodyloxyd mit einer Auflösung von reinem Kupferchlorür in Chlorwasserstoffsäure. Der dabei entstehende voluminöse, breiige weisse Niederschlag wird, um eine Ausscheidung von freiem Kupferchlorür zu verhindern, mit concentrirter Chlorwasserstoffsäure übergossen, und eine Zeit lang in einer Reibschale zerrieben, wodurch die vollständige Verbindung des ausgeschiedenen und von dem Niederschlage umhüllten Chlorkakodyls mit dem Kupferchlorür befördert wird. Man wäscht den Niederschlag zuerst mit concentrirter Chlorwasserstoffsäure, dann mit verdünnter, und endlich mit Wasser bei völligem Ausschluss der [23 Luft so schnell als möglich aus. Um die Berührung mit der Luft möglichst zu vermeiden, presst man denselben noch feucht zwischen Druckpapier und trocknet ihn im luftleeren Raume. Setzt man das Auswaschen zu lange fort, so wird er zersetzt, und endlich ganz aufgelöst.

In reinem Zustande bildet der Körper ein weisses, körniges, kakodylartig riechendes Pulver, das durch eine angehende Zersetzung gelblich gefärbt zu sein pflegt. An der Luft färbt es sich grün unter Bildung von Kupferchlorid und stinkenden arsenikalischen Producten. In Alkohol und Aether ist die Substanz unlöslich, bei dem Kochen mit Wasser wird sie zersetzt.

Bei dem Erhitzen für sich entweicht mit grüner Flamme verbrennendes Chlorkakodyl, während Kupferchlorür zurückbleibt.

I. 1,1427 mit chromsaurem Bleioxyd verbrannt, gaben 0,4000 Kohlensäure und 0,2692 Wasser.

II. 1,394 auf dieselbe Art verbrannt, gaben 0,4910 Kohlensäure und 0.3240 Wasser.

III. 1,0125 hinterliessen bei dem Erhitzen 0,41 Kupferchlorür.

IV. 0,648 gaben 0,673 Chlorsilber und 0,026 Silber vom verbrannten Filter.

Die aus diesen Versuchen berechnete Zusammensetzung ist:

		berechnet	gefunden.	
			I.	II.
Kohlenstoff	C_4	10,20	9,68	9,74
Wasserstoff	H_{12}	2,49	2.63	2,58
Arsenik	As_2	31,36	»	»
Chlor	Cl_2	14,77	12.44	»
Kupferchlorür	Cu_2Cl_2	41,18	40,49	»
		100,00.		

Die kleine Abweichung zwischen den berechneten und [24] gefundenen Zahlen erklärt sich aus einer geringen Zersetzung und Oxydation der zu den Versuchen benutzten Substanz. Ihre Formel ist daher: $KdCl_2 + Cu_2Cl_2$.

Ohne an dieser Stelle auf eine nähere Beschreibung der übrigen hierher gehörigen Verbindungen, deren Unbeständigkeit eine genauere Untersuchung unmöglich macht, weiter einzugehen, glaubte ich doch schon hier das merkwürdige Verhalten nicht unerwähnt lassen zu dürfen, welches das Chlorkakodyl bei dem Vermischen mit einer Platinchloridlösung zeigt. Es entsteht dabei ein reichlicher ziegelrother Niederschlag, der, wenn man von dem oben betrachteten Stoffe einen Rückschluss wagen darf, aus einer Verbindung von Chlorplatin mit Chlorkakodyl besteht. Dieser Niederschlag erleidet bei dem Auswaschen oder bei dem Kochen mit Wasser eine sehr merkwürdige Metamorphose, indem er sich zu einer kaum gefärbten Flüssigkeit auflöst, in welcher das Kakodyl und das Platin durch ihre gewöhnlichen Reagenzien nicht mehr nachgewiesen werden können, und aus der bei dem Abkühlen oder Abdampfen

eine farblose, in grossen Nadeln krystallisirende, sehr beständige
Verbindung anschiesst. Dieser Stoff, welcher über die Theorie
der copulirten Basen ein neues Licht verbreitet, entspricht den
*Reiset'*schen Platinverbindungen, nur dass Ammonium durch
Kakodyl darin ersetzt ist. Es enthält ein platinartiges Radikal,
das mit Chlor, Brom, Jod, Cyan etc. zusammentritt, und mit
Sauerstoff eine salzfähige Basis bildet, welche sich mit den
Säuren zu krystallisirbaren Salzen vereinigt. Ich kann mich
indessen, um mich nicht zu weit von dem Gegenstande dieser
Arbeit zu entfernen, nur darauf beschränken, die Existenz dieser neuen Körpergruppe hier anzudeuten, deren nähere Erfor-
schung einer besondern Abhandlung vorbehalten bleiben muss.

Indem ich daher diesen Gegenstand verlasse, wende ich mich
zu dem zweiten Abschnitte dieser Experimentaluntersuchung,
die dem Kakodylradical gewidmet ist.

25

II. Abschnitt.

18. Das Radical der Kakodylreihe.

Keine Thatsache ist gewiss in ihren Folgen bedeutungsvoller
für den Entwicklungsgang der organischen Chemie gewesen,
als die Beobachtung, dass die anorganischen **Elemente an** den
organischen Verbindungen **Theil nehmen können, ohne dass** der
ursprüngliche Charakter dieser letzteren dadurch verloren geht.
Unter dem Einflusse der Substitution, des Hinzutretens und der
Abtrennung solcher Elemente gehen aus den organischen Stoffen
lange Reihen von Verbindungen hervor, die ausser ihrem gleichen Ursprunge **auch noch das miteinander** gemein haben, dass
sie gewisse unveränderliche Gruppen von Atomen enthalten, die
nur durch kräftiger wirkende Einflüsse zersetzbar sind. Aus
dieser Thatsache **ist die Theorie der** organischen Radicale her-
vorgegangen. Nach ihr sind es diese stabilen **Atomengruppen,**
deren Elemente, durch eine innigere Verbindung zu einem Ganzen verschmolzen, als Träger und Angriffspunkte der Verwandtschaft auftreten, indem sie die Rolle der Metalle in der organischen Natur übernehmen. Die Idee, welche dieser Theorie zum
Grunde liegt, tritt indessen nur dann erst aus dem Gebiete einer
hypothetischen Vorstellung heraus, wenn es gelingt, für diese
Atomengruppen dieselben Verwandtschaftsgesetze nachzuweisen, welche uns die Analoga derselben — die Metalle der

Mineralchemie — darbieten. Dieses Ziel, auf das sich die Bestrebungen der neueren Wissenschaft hauptsächlich gerichtet haben, kann als erreicht betrachtet werden, wenn der Beweis geführt ist, dass es solche organische Radicale giebt, welche ausserhalb ihrer Verbindungen bestehen können, und welche auch im isolirten Zustande mit einer sonst nur den Metallen inwohnenden Verwandtschaft begabt sind.

Die Zersetzungsproducte der *Cadet*'schen Flüssigkeit sind ganz geeignet, die Hoffnung zu erwecken, diese Frage auf experimentellem Wege gelöst zu sehen, da die Glieder dieser [26 langen Verbindungsreihe sich mit so einfacher Consequenz aus dem Gesetz der organischen Radicale entwickeln, dass man über die Möglichkeit, das Kakodyl selbst zu isoliren, und dadurch der letzten Anforderung, welche diese Theorie noch unerfüllt liess, Genüge zu leisten, kaum noch einen Zweifel hegen kann.

Die Erfahrung hat diese Hoffnung vollkommen gerechtfertigt. Mehrere der Kakodylverbindungen besitzen in der That die merkwürdige Fähigkeit, durch Metalle unter Abscheidung des unzersetzten Radicals reducirt zu werden. Man darf nur einige Tropfen Schwefelkakodyl in einer gekrümmten Glocke über Quecksilber bis $200^{0}.-300^{0}$ C. erhitzen, um sich von dieser Thatsache zu überzeugen. Das Metall überzieht sich dabei mit einer schwarzen Schicht von Schwefelquecksilber, ohne dass sich dabei eine gasförmige Substanz bildet. Die in der Glocke zurückbleibende, an der Luft stark rauchende Substanz ist ein Gemenge des unzersetzten Sulfürs mit Kakodyl. Als Darstellungsmethode lässt sich indessen dies Verhalten nicht benutzen, da das Quecksilber erst bei einer Temperatur auf die Schwefelverbindung einwirkt, bei welcher das freie Radical selbst zersetzt zu werden anfängt.

Bromkakodyl verhält sich auf ähnliche Art: es entsteht unter denselben Verhältnissen ein Gemenge von unzersetztem Bromür mit dem Radical, wie sich aus dem beistehenden Schema ergiebt:

$$\begin{array}{c|c} Kd\,Br_2 & Kd \\ Hg_{(2} & Hg_2\,Br_2. \end{array}$$

Kocht man die gemengte, stark rauchende, und bisweilen selbst pyrophorische Flüssigkeit mit Wasser, so wird das Bromquecksilber wieder reducirt und Kakodylbromür, das mit den Wasserdämpfen entweicht, gebildet.

$$\left. \begin{array}{l} Kd \\ Hg_2\,Br_2 \end{array} \right\} \begin{array}{l} Kd\,Br_2 \\ Hg_2. \end{array}$$

Auch diese Reaction geht bei einer zu hohen Temperatur vor sich, als dass man sie zur Darstellung des Radicals benutzen [27] könnte. Diese gelingt dagegen leicht und vollständig durch Digestion des Chlorkakodyls mit den wasserzersetzenden Metallen, besonders mit Zink, Eisen oder Zinn. Bringt man Stanniol oder ein anderes der erwähnten Metalle in dünnen Blättchen mit wasserfreiem Chlorkakodyl in Berührung, so findet bei 90° bis 100° C. eine vollständige Auflösung derselben statt, ohne dass man dabei die geringste Spur einer Gasentwickelung bemerkt. Die Auflösung bleibt anfangs hell und durchsichtig. und nimmt erst bei fortgesetztem Auflösen des Metalls eine dunkle und undurchsichtige Beschaffenheit an, bis sie zuletzt bei dem Erkalten zu einer feuchten Salzmasse gesteht, aus der durch Wasser das Chlorzink unter Zurücklassung des flüssigen Kakodyls ausgezogen werden kann:

$$\left. \begin{array}{l} Kd\,Cl_2 \\ Zn \end{array} \right\} \begin{array}{l} Kd \\ Zn\,Cl_2. \end{array}$$

Da das Zink von allen Metallen die Reduction des Clorürs am leichtesten bewirkt, und keine weiteren zersetzenden Wirkungen auf das abgeschiedene Radical ausübt, so habe ich dieses Metall ausschliesslich bei den nachstehenden Versuchen benutzt. So leicht sich auch die Reduction selbst bewerkstelligen lässt, so schwierig ist es doch, das abgeschiedene Radical vor einer weiteren Zersetzung zu bewahren, da es sich um wiederholte Destillation und Krystallisation einer Verbindung handelt, die an Selbstentzündlichkeit dem Phosphordampf nicht nachsteht. Es wird daher nicht überflüssig sein, auf die bei der Darstellung befolgte Methode etwas näher einzugehen. Die Reduction gelingt am leichtesten mit dünnem Zinkblech, das mit verdünnter Schwefelsäure an der Oberfläche gereinigt, mit Wasser abgewaschen, getrocknet und in gewundene Spähnchen zerschnitten ist. Das Chlorkakodyl muss vollkommen oxydfrei sein. Durch dreimalige Digestion des Oxyds mit concentrirter Chlorwasserstoffsäure erhält man ein reines Produkt, das nicht im geringsten an der Luft raucht. Es wird ohne destillirt zu werden, einige Tage [28] über Chlorcalcium und Aetzkalk digerirt, um es völlig von Wasser und freier Chlorwasserstoffsäure zu befreien. Um bei dieser Operation den Luftzutritt völlig

abzuhalten, was bei diesen pyrophorischen Stoffen unumgänglich nothwendig ist, wendet man am zweckmässigsten ein vor
der Lampe geblasenes Röhrchen von der Gestalt **Fig. II** an.

Durch die Spitze *a* wird ein Strom wasserfreier Kohlensäure
geleitet, bis die Röhre, welche das Gemisch zum Trocknen in
der Kugel *c* enthält, von atmosphärischer Luft völlig befreit ist,
und dann die beiden Spitzen bei *a* und *b* zugeschmolzen. Man
öffnet bei dem Gebrauche der Röhre die Spitze *a*, verbindet sie
vermittelst eines Kautschukröhrchens mit einer Handluftpumpe,
taucht die dann ebenfalls abgebrochene Spitze *b* in das unter
der Säureschicht befindliche Chlorkakodyl, und saugt es in den
Apparat auf, welcher nun abermals bei *a* und *b* zugeschmolzen

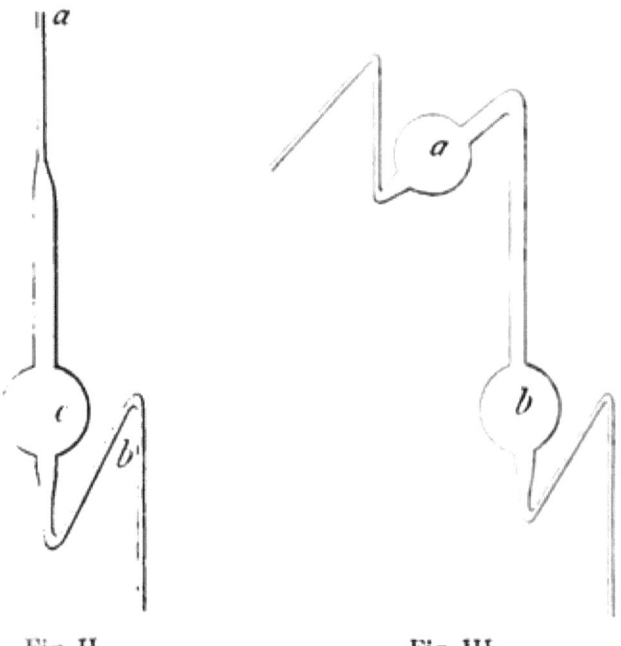

Fig. II.   Fig. III.

wird. Ich werde diesen Apparat der Kürze wegen das Trocken-
rohr nennen. Die Reduction und Destillation geschieht am
besten in einer auf ähnliche Art mit Kohlensäure gefüllten hermetisch verschlossenen Röhre von der Form wie [29] Fig. III. Die
Kugel *a* dient zum Aufnehmen der zu destillirenden Flüssigkeiten und der Stoffe, über welchen die Destillation oder Digestion vorgenommen werden soll. Ich werde sie die Destilla-

tionskugel nennen. Die Kugel *b* vertritt die Stelle einer Vorlage und mag die Recipientenkugel genannt werden.

In die ersterwähnte das Zink enthaltende Kugel dieses sorgfältig mit Kohlensäure gefüllten Apparats wurde die Chlorverbindung aufgesogen und, nachdem die offene Spitze mit dem Löthrohr abgeschmolzen, drei Stunden lang einer Temperatur von 100° im Wasserbade ausgesetzt. Die Flüssigkeit nahm, während das Zink mit grosser Leichtigkeit ohne Gasentwickelung sich auflöste, eine etwas dunkle Farbe an, und setzte bei dem Erkalten bis 50° grosse cubische Krystalle ab, die sich bei dem Erwärmen leicht wieder lösten, und wahrscheinlich aus einer Verbindung von Chlorzink mit Chlorkakodyl bestanden. Als keine Einwirkung des Zinks bei 100° mehr stattfand, war der Inhalt der Kugel in eine weisse trockene Salzmasse verwandelt, welche bei einer Temperaturerhöhung von 110°—120° von neuem zu einem ölartigen Liquidum schmolz.

Der ganze Apparat wurde nun erwärmt, und die Spitze des Recipientenschenkels unter ausgekochtem kalten Wasser geöffnet. Als die Luft durch Erwärmung ausgetrieben und das Wasser beim Erkalten an ihre Stelle getreten war, wurde die Spitze abermals mit dem Löthrohre verschlossen, und das Wasser durch eine Neigung des Apparats in die Destillationskugel gebracht. Nach einer kurzen Digestion bildete sich eine Chlorzinklösung, während das überschüssige Zink mit reiner Oberfläche zurückblieb, 30 und das Radical als eine ölartige Flüssigkeit am Boden sich ansammelte. Diese Flüssigkeit wurde darauf, nachdem sie in dem beschriebenen kleinen Trockenapparate wieder entwässert war, abermals in eine Destillationsröhre aufgesogen, über reinem Zink zu wiederholtenmalen in derselben Röhre digerirt und destillirt, wobei sich noch eine kleine Menge Chlorzink bildete. Das erhaltene Destillat war vollkommen wasserhell. Einer Temperatur von —6° ausgesetzt, erstarrte es fast ganz zu grossen glänzenden prismatischen Krystallen. Als ⅔ der Flüssigkeit angeschossen war, wurde der noch flüssige Theil in die Destillationskugel zurückgegossen, diese Operation dreimal wiederholt, der Recipientenschenkel abgesprengt und endlich die darin enthaltene Flüssigkeit in zur Analyse geeignete, mit Kohlensäure gefüllte Röhrchen vertheilt. Die Analyse geschah auf die gewöhnliche Weise mit Kupferoxyd. Das Arsenik setzt sich in schönen Krystallen im hinteren Theile des Verbrennungsrohrs auf dem reducirten Kupferoxyd völlig ab, ohne dass sich merkwürdiger Weise dabei eine erhebliche

Menge von Arsenikkupfer oder arseniksaurem Kupferoxyd bildete. Der Arsenikgehalt liess sich daher durch Wägung des Verbrennungsrohrs bestimmen, das, um ein Anhängen fremder Substanzen zu vermeiden, in mit Kohlenpulver bestreutes Flittergold eingewickelt war. Der Versuch ergab:

I.

Substanz 0,620
Kohlensäure 0,500
Wasser. 0,306
Verbrennungsrohr vor der Verbrennung . 62,681
Verbrennungsrohr nach der Verbrennung . 61,869.

II.

Substanz 0,500
Wasser. 0,24
Kohlensäure. 0,402
Verbrennungsrohr vor der Verbrennung . 60,670
Verbrennungsrohr nach der Verbrennung . 60,020

[31] Die Zusammensetzung des Radicals ist daher:

	berechnet	gefunden.	
		I.	II.
4 At. Kohlenstoff	23,15	22,30	22,23
12 At. Wasserstoff . . .	5,67	5,48	5,33
2 At. Arsenik	71,18	71,29	71,00
Verlust und Sauerstoff	0,00	0,93	1,44
	100,00	100,00	100,00.

Die Abweichungen, welche die gefundenen Zahlen darbieten, sind höchst unbedeutend und erklären sich leicht aus der Unmöglichkeit, bei der Darstellung dieser Verbindung jede Spur einer Sauerstoffverunreinigung zu vermeiden. Berechnet man die erhaltenen Resultate auf Hundert, ohne auf den Sauerstoff Rücksicht zu nehmen, so nähert sich der Kohlenstoff und Wasserstoff der berechneten Zusammensetzung noch mehr. Der Arsenikgehalt fällt dagegen um ein Geringes zu gross aus. Dieser kleine Ueberschuss indessen, der noch innerhalb der Fehlergrenze der Beobachtung liegt, kann vielleicht durch eine geringe Verunreinigung mit einer Substanz herbeigeführt sein, welche denselben Kohlenwasserstoff wie das Kakodyl, aber mehr Arsenik als dieses enthält, und von der weiter unten die Rede sein wird.

Die Leichtigkeit, mit der diesen Versuchen zufolge das Kakodyl durch einfache Stoffe aus seinen Verbindungen abgeschieden werden kann, macht es sehr wahrscheinlich, dass das Oxyd desselben ebensowohl durch Kohle, als durch Wasserstoff bei höherer Temperatur einer Reduction fähig ist. Sowohl die von *Dumas*, als auch die von mir früher angestellten Analysen der *Cadet'*schen Flüssigkeit erheben diese Vermuthung fast bis zur Gewissheit, und erklären die Verschiedenheit der von mir später und von *Dumas* früher erhaltenen Resultate vollkommen. *Dumas* fand nämlich, wie auch ich bei meinen ersten Versuchen, stets einen Ueberschuss von Arsenik, Kohlenstoff und Wasserstoff, 32 der sich nur durch eine Verunreinigung des Oxyds mit Kakodyl erklären lässt.

Der Bestimmung der Dampfdichte des abgeschiedenen Radikals stehen keine Schwierigkeiten entgegen, da dasselbe erst bei einer Temperatur zersetzt wird, welche weit über seinem Kochpunkt liegt. Der Versuch ergab folgende Zahlen:

Angewandte Substanz	0,2500 g
Gemessenes Dampfvolumen	55,98 ccm
Temperatur	200° C.
Barometerstand	328,5 lin.
Oelsäule	38 lin.
Quecksilbersäule bei 200° C.	44,5 lin.

Diese Daten entsprechen dem specifischen Gewichte 7,101, welches daher so genau, als man nur immer erwarten kann, mit der berechneten Dichtigkeit übereinstimmt, nämlich:

4 Vol.	Kohlenstoffdampf	3,371
12 »	Wasserstoff	0,825
2 »	Arsenikdampf	10,367
		14,563 : 2 = 7,281.[23]

Die nur 0,18 betragende Mindergrösse des erhaltenen Resultats erklärt sich vollkommen aus der nicht mit in Rechnung gezogenen Tension der Quecksilberdämpfe in der Messglocke bei der Beobachtungstemperatur 200° C.

Es lassen sich an die gefundene Zahl, welche die auf dem Wege der Analyse ermittelte Zusammensetzung vollkommen bestätigt, Betrachtungen knüpfen, die nicht ohne allgemeines Interesse sind. *Berzelius* hat bekanntlich gezeigt, dass, wenn man für die gasförmigen organischen Radicale eine gewisse

Dichtigkeit hypothetisch zu Grunde legt, die Condensationsverhältnisse, welche die Verbindungen derselben zeigen, vollkommen mit denen übereinstimmen, welche wir an den unorganischen oder einfachen Radicalen wahrnehmen. Diese Thatsache
hat der [33] Theorie der zusammengesetzten Radicale eine Bedeutung verliehen, welche sie durch das blosse Gesetz der
Substitution nicht hätte erlangen können.

Allein diese Thatsachen, in Verbindung mit den Erscheinungen der Substitution, führen die organischen Radicale noch
keineswegs aus dem Bereich der Hypothese hinaus. Der unum-
stössliche Beweis ihrer Realität knüpft sich noch an drei andere
Bedeutungen, an die Isolirung derselben, an die Möglichkeit
einer Rückbildung ihrer Verbindungen auf directem Wege, und
endlich an die ohne hypothetische Voraussetzung bewiesene
Uebereinstimmung der Verdichtungsgesetze ihrer gasförmigen
Verbindungen mit denen der einfachen Elemente. Im Kakodyl
finden sich diese drei Bedingungen erfüllt. Es lässt sich isoliren, geht directe Verbindungen ein, und besitzt genau die Dichtigkeit, welche es besitzen muss, wenn die Condensationsgesetze
der anorganischen Elemente auch für die organischen gültig
sein sollen, wie sich aus der beistehenden Uebersicht ergiebt:

		gef.	berech.
Kakodyl 4 Vol. C.+12 Vol. H + 2 Vol. As = 2 Vol. Kd		7,101	7,281
Kakodyloxyd 2 Vol. Kd + 1 Vol. O = 2 Vol. KdO		7,555	7,833
Kakodylsulfür 2 Vol. Kd + 2 Vol. S = 2 Vol. KdS		7,810	8,39
Kakodylchlorür 1 Vol. Kd + 1 Vol. Cl = 2 Vol. KdCl$_2$		4,560	4,86
Bas. Chlorür 3 Vol. KdCl$_2$ + 1 Vol. KdO = 4 Vol. 3KdCl$_2$			
+ KdO		5,46	5,300
Kakodylcyanür 1 Vol. Kd + 1 Vol. Cy = 2 Vol. KdCy$_2$		4,65	4,51.

Die Eigenschaften des Radicals sind folgende:

Es bildet ein wasserhelles, dünnflüssiges, stark lichtbrechen-
des Liquidum, das dem Kakodyloxyd im Aeussern sehr ähnlich
ist; es riecht wie dieses und übertrifft dasselbe noch an Selbstentzündlichkeit. Ein damit befeuchtetes feines Glasfädchen
fängt an der Luft augenblicklich Feuer. Versucht man es, einen
Tropfen davon in freier Luft auszugiessen, so findet, noch ehe er
sich vom Glase ablöst, eine momentane Entzündung statt. Bei
langsamem Luftzutritt stösst die Substanz dicke weisse Nebel aus,
und verwandelt sich unter Aufnahme von Sauerstoff in Kakodyloxyd [34] und Kakodylsäure, je nachdem das Radical oder
der Sauerstoff im Ueberschuss vorhanden ist. Ihr Kochpunkt
liegt in der Nähe von + 170° C. Bei —6° C. verwandelt sie

sich in grosse Krystalle, welche die Gestalt quadratischer Prismen mit einer gegen die Seitenflächen gerichteten Flächenzone besitzen. Ist die Substanz rein, so gesteht sie endlich vollständig zu einer eisähnlichen Masse, die ähnlich den mit Eis belegten Fensterscheiben das Glas überzieht. In Sauerstoff verbrennt sie mit blassblauer Flamme zu Wasser, Kohlensäure und arseniger Säure, welche in Gestalt eines weissen Rauchs aufsteigt. Ist die Luftmenge zur Verbrennung unzureichend, so setzt sich Erytrarsin und eine schwarze Lage stinkenden Arseniks ab. In Chlorgas verbrennt sie mit einer hellern Flamme unter Absatz von Kohle. Mit Salzsäure und metallischem Zinn digerirt, giebt sie neben andern Producten Erytrarsin, welches auch durch phosphorige Säure, Zinnchlorür und andere starke Reductionsmittel erzeugt zu werden scheint. Rauchende Schwefelsäure löst den Stoff auf, ohne sich zu schwärzen. Es entweicht dabei schon in der Kälte eine grosse Menge schwefliger Säure. Bei der Destillation geht ein angenehm ätherisch riechender Stoff über, der schwefelsaures Aetheröl zu sein scheint.

Wenn schon die Condensationsverhältnisse der gasförmigen Kakodylverbindungen und die Substitutionen, welche sie erleiden, der Theorie der organischen Radicale einen Grad von Wahrscheinlichkeit ertheilen, der an Gewissheit grenzt, so wird diese Theorie durch die Art der Verwandtschaft des Radicals selbst zu einer unbestreitbaren Thatsache. Die ganze Reihe der bisher betrachteten Verbindungen lässt sich auf directem und indirectem Wege daraus wieder zusammensetzen, und die Bedingungen, unter denen dieses geschieht, sind genau dieselben, wie bei den Metallen. Durch unmittelbare Einwirkung von Sauerstoff auf das Radical, so wie durch die meisten Oxydationsmittel, entsteht unter bedeutender Wärmeentwickelung sowohl das Oxyd, [35] als auch die Säure, und aus dem ersteren erhält man unter dem Einflusse der Wasserstoffsäuren die entsprechenden Verbindungen mit Schwefel, Selen, Tellur, Chlor, Jod, Brom und Cyan. Durch Behandlung des auf diese Art erzeugten Chlorürs mit Kupferchlorür, Chlorplatin, Chlorpalladium etc. bilden sich jene merkwürdigen Doppelchlorüre, deren ich bereits oben Erwähnung gethan habe.

Das Radical in Salpetersäure aufgelöst und mit salpetersaurem Silberoxyd versetzt, giebt eine reichliche Fällung der in regulären Octaedern krystallisirenden Verbindung, die, wie ich oben gezeigt habe, aus 1 At. Silberoxyd, 3 At. Kakodyloxyd, und 1 At. Salpetersäure besteht. Sublimatlösung erzeugt augenblicklich unter Ausscheidung von Quecksilberchlorür das in seidenglänzenden Schüppchen krystallisirende Oxydchlorür, das 1 At. Sublimat enthält. Aber nicht die Oxydationsstufen allein lassen sich auf directem Wege erzeugen; auch die übrigen Verbindungen bilden sich auf dieselbe Art. Schwefel, in geringer Menge mit dem Radical behandelt, löst sich darin auf, und liefert eine wasserhelle Flüssigkeit, welche alle Eigenschaften des Kakodylsulfürs besitzt, und namentlich mit Bleioxydlösung Schwefelblei, mit Silbersolution Schwefelsilber, und mit Säuren Schwefelwasserstoff liefert. Auf Zusatz einer grösseren Schwefelmenge entsteht die höhere Verbindungsstufe, welche, wie ich später zeigen werde, fest und in Aether löslich ist, aus dem sie in grossen glänzenden Krystallen angeschossen erhalten werden kann. Chlorwasser, mit dem Radical in Berührung gebracht, verliert augenblicklich seine gelbe Farbe und seine entfärbenden Eigenschaften. Es entsteht Chlorkakodyl, das, mit Säuren behandelt, Chlorwasserstoffsäure ausgiebt. Alle diese Reactionen, denen sich noch eine grosse Zahl nicht minder ausgezeichneter würden hinzufügen lassen, beweisen, dass das Radical bis in die kleinsten Einzelheiten die Rolle eines einfachen elektropositiven Elements spielt, dass es ein wahres organisches Element ist.

36] Bei der Destillation mit wasserfreiem Chlorzink zerfällt die Substanz in mehrere Verbindungen von verschiedenem Kochpunkte. Um über die Natur dieser Zersetzung Aufschluss zu erhalten, wurde reines Chlorkakodyl in einer Destillationsröhre so lange mit Zink digerirt, bis die ganze Flüssigkeit in eine weisse Salzmasse verwandelt war. Der Destillationsschenkel wurde darauf bis 200° C. im Oelbade erhitzt, wobei eine wasserhelle Flüssigkeit überdestillirte. Als bei der erwähnten Temperatur nichts mehr überging, wurde die Erhitzung bis zu 220°C. und endlich bis zu 260°C. gesteigert. Es schien mir bei der Möglichkeit einer mit Gasentwickelung begleiteten Zersetzung zu gefährlich, die Destillation noch weiter fortzusetzen; der Versuch wurde daher hier unterbrochen. Nachdem der Apparat erkaltet und der Recipientenschenkel abgesprengt war, wobei kein mit bemerkbarem Geräusch verbundenes Entweichen von Gasen stattfand, liess sich das Destillat leicht in eine neue mit Zink gefüllte Destillationsröhre aufsaugen, in der es durch fortgesetzte Digestion von den letzten Antheilen Chlor befreit wurde. Die Destillation geschah im Oelbade. Als bei 100° C.

nichts mehr überging, wurde der Recipientenschenkel abgesprengt, sein Inhalt I. in zur Analyse geeignete, mit Kohlensäure gefüllte Röhrchen unter den früher erwähnten Vorsichtsmaassregeln vertheilt, und die in der darauf ebenfalls abgesprengten Destillationskugel rückständige Flüssigkeit in eine neue Destillationsröhre aufgesogen, zwischen 100°—170° C. destillirt, und das erhaltene Destillat (II. ebenfalls in Röhrchen vertheilt. Der Rückstand in der Destillationskugel, welcher bei 170° zurückblieb, wurde abermals in einem dritten Apparate destillirt, und lieferte zwischen 170° C. und 200° C. ein Destillat (III., ohne einen bemerkbaren Rückstand zu hinterlassen. Alle drei Destillate waren wasserhell, ätherartig und dünnflüssig. Sie zeigten sich frei von Chlor. Das erste war kaum selbstentzündlich, besass einen mehr ätherartigen Geruch, und blieb bei —18° noch vollkommen flüssig. 37 Die beiden letzten dagegen, welche einen hohen Grad von Selbstentzündlichkeit zeigten, setzten bei —8° grosse prismatische Krystalle von Kakodyl ab.

Mit Sublimat geprüft, zeigte das erste Destillat nur einen geringen, die beiden letzten aber einen bedeutenden Gehalt von Kakodyl.

Die Analyse ergab folgende Zahlen:

Destillat I.

Angewandt	0.561
Kohlensäure	0.5875
Wasser	0.3665
Verbrennungsrohr vor der Verbrennung	80,261
» nach derselben . . .	79,310.

Destillat II.

Angewandt.	0.5403
Kohlensäure	0,5140
Wasser	0.3145
Verbrennungsrohr vor der Verbrennung	74,976
» nach derselben . . .	74,147.

Destillat III.

Angewandt	0,5930
Kohlensäure	0.4265
Wasser	0,2635
Verbrennungsrohr vor der Verbrennung	83,0195
» nach derselben . . .	82.3270

Diese Bestimmungen, deren Wiederholung ich nicht für nöthig gehalten habe, da sie in der Wägung des Verbrennungsrohrs eine Controle finden, entsprechen folgender Zusammensetzung:

1tes Destillat zwischen 90° und 100° C.

4 At.	Kohlenstoff	28,95
12,2 »	Wasserstoff	7,26
1,3 »	Arsenik	64,31
		100,52.

[38]   2tes Destillat zwischen 100° und 170° C.

4 At.	Kohlenstoff	26,31
12 »	Wasserstoff	6,46
1,7 »	Arsenik	67.15
		99,92.

3tes Destillat zwischen 170° und 200° C.

4 At.	Kohlenstoff	19,88
12.2 »	Wasserstoff	4,82
2,5 »	Arsenik	75.53
		100,23.

Es geht aus diesen Analysen hervor, dass das Radical bei der Destillation mit Chlorzink eine katalytische Zersetzung erleidet, durch die es in mehrere Verbindungen zerfällt, welche entweder aus einem Gemenge flüssiger Kohlenwasserstoffe mit mehreren dem Kakodyl analog zusammengesetzten, aber eine andere Proportion Arsenik enthaltenden Substanzen, oder aus demselben Kohlenwasserstoff mit verschiedenen Mengen Arsenik verbunden bestehen. Bei den Schwierigkeiten, welche gemengte Flüssigkeiten, deren Kochpunkt in stetiger Progression wächst, einer Trennung durch fractionirte Destillation entgegensetzen, wird man kaum hoffen können, auf diesem Wege zur Darstellung der in diesem Destillationsproducte enthaltenen Stoffe gelangen zu können. Vielleicht ist es möglich, auf andere Art dieses Ziel zu erreichen. Es konnte indessen nicht in der Absicht dieser Arbeit liegen, diese Versuche auf Kosten eines so schwierig zu erhaltenden Materials noch weiter auszudehnen.

Das Kakodyl erleidet bei einer Temperatur von ungefähr 400° C. bis 500° C. eine neue Zersetzung, der ich, in der Hoff-

nung, näheren Aufschluss über die Constitution desselben zu
erhalten, eine besondere Aufmerksamkeit gewidmet habe.

Erhitzt man dasselbe oder das obenerwähnte Gemenge seiner
Zersetzungsproducte in einer gekrümmten Glocke über 39
Quecksilber, so zerfällt das Gas dieser Stoffe bei einer nicht sehr
hoch über dem Kochpunkte des Quecksilbers liegenden Temperatur in metallisches Arsenik und in ein Gemenge von Kohlen-
wasserstoffverbindungen, ohne dass sich eine Spur von Kohle
abscheidet. Das auf diese Art erhaltene Gasgemenge verbrennt
mit bunter leuchtender Flamme unter Absatz eines leichten
Anflugs von Arsenik, der sich als ein kaum bemerkbarer Metall-
spiegel an das Glas anlegt. Eine Lösung von Kupfervitriol und
salpetersaurem Quecksilberoxydul wirkt nicht auf dasselbe, selbst
wenn man es Tage lang damit in Berührung lässt. Mit Chlor
über Wasser gemischt, entzündet sich das Gas wie Phosphorwasserstoff, und verbrennt unter Absatz von Kohle mit einer
feuerrothen Flamme.

Mit Sauerstoff gemengt, und durch den elektrischen Funken
entzündet, explodirt es viel heftiger als Knallgas, und zertrümmert dabei gewöhnlich die Messröhren. Die eudiometrische
Prüfung des bei verschiedenen Darstellungen erhaltenen Gases
gab folgendes Resultat:

	I.	II.	berechnet.
Angewandtes Gasvolumen	1,4	1,5	1,5
Verbrannter Sauerstoff	3,5	3,4	3,5
Gebildete Kohlensäure	2,0	2,0	2,0.

Diese Versuche entsprechen genau einer Verbindung, welche
in ihrer Zusammensetzung mit einem Kohlenwasserstoff von der
Formel C_4H_{12} übereinkommen würde, nämlich:

$$4 \text{ Vol. Kohlenstoffdampf}$$
$$12 \text{ » Wasserstoff}$$
$$\text{zu 6 Vol. verdichtet.}$$

Ich war daher anfangs um so mehr versucht, bei dem Kakodyl eine ähnliche Zersetzung, wie bei dem Quecksilbercyanid
vorauszusetzen, als das Verhalten dieses Gases gegen Chlor mit
dem Verhalten keiner der Stoffe, aus denen dasselbe möglicher
Weise hätte bestehen können, übereinstimmt. Allein die
ungewöhnliche Verdichtung der Bestandtheile, welche doppelt
so gross sein würde, als im Phosphorwasserstoff, Ammoniak

und anderen aus entsprechenden Raumtheilen zusammengesetzten Gasen, schien wenig geeignet, diese Ansicht zu unterstützen. Ich habe daher die Untersuchung fortgesetzt und
gefunden, dass die Entzündlichkeit mit Chlor von einer kleinen
Menge Kakodyldampf herrührt, welcher sich nur sehr schwierig von dem Gemenge trennen lässt, und der zugleich Ursache
des geringen Arsenikspiegels ist, welcher sich bei der Verbrennung des Gases mit Sauerstoffgas an den Wänden des Eudio-
meters absetzt. Die Natur dieses durch Erhitzen aus dem Kakodyl erhaltenen Gases ergiebt sich aus seinem Verhalten gegen
rauchende Schwefelsäure. Diese absorbirt fast genau $\frac{1}{3}$ desselben und hinterlässt ein geruchloses, mit nicht leuchtender blassblauer Flamme verbrennendes Gas, welches im Dunkeln vom
Chlor nicht verändert wird, im directen Sonnenlichte aber,
genau wie es *Melsens* für das Grubengas aus essigsauren Salzen und Sümpfen gezeigt hat, zu einem ölartigen, kampferartig
riechenden Körper $C_2 Cl_{12}$ unter gleichzeitiger Bildung kleiner,
weisser, sternförmig gruppirter Krystalle condensirt wird.

　Bei der eudiometrischen Analyse dieses rückständigen Gases
ergab sich in der That, das es aus reinem Grubengas bestand.
Ich fand :

Angewandtes Volumen	19,2
Verbrannter Sauerstoff	41,1
Gebildete Kohlensäure	20,8

　Es unterliegt daher keinem Zweifel, dass der Kohlenwasserstoff $C_4 H_{12}$ bei der Zersetzung des Kakodyls in höherer Temperatur nicht für sich abgeschieden werden kann, sondern unter
diesen Umständen sogleich in 2 Vol. Grubengas und 1 Vol. ölbildendes Gas zerfällt, nämlich :

$$41) \qquad C_4 H_{12} As_2 \left\{ \begin{array}{l} C_2 H_4 \\ C_2 H_8 \\ As_2. \end{array} \right. {}^{24}$$

　Die bei der Untersuchung des nicht mit Schwefelsäure be-
handelten Gasgemenges erhaltenen Resultate bestätigen diese
Ansicht vollkommen, indem $1\frac{1}{2}$ Vol. eines Gemenges, welches
auf 1 Vol. ölbildendes Gas, 2 Vol. Grubengas enthält, in der
That bei der Verbrennung mit $3\frac{1}{2}$ Vol. Sauerstoff 2 Vol. Kohlensäure erzeugen muss. Während die Abwesenheit des Arsenik-
wasserstoffs und freien Wasserstoffs auf das bestimmteste beweist, dass das erstere nicht unter den constituirenden Elementen

des Kakodyls zu suchen ist, lässt sich zugleich aus diesen Zersetzungserscheinungen der Schluss ziehen, dass das Radical des Kakodyls, wenn es überhaupt ähnlich wie seine Verbindung, das Kakodyl, für sich bestehen kann, ausserordentlich unbeständig ist, und schon bei einer Temperatur zersetzt wird, welche weit unter der Glühhitze liegt.

Unter den Zersetzungsproducten des Kakodyls findet sich noch ein Stoff, dessen ich bereits mehrfach unter dem empirischen Namen Erytrarsin Erwähnung gethan habe, und den ich an dieser Stelle abhandeln zu müssen glaube, da derselbe ebenfalls in sehr naher Beziehung zu den eben abgehandelten Körpern steht.

19. Erytrarsin.

Es ist mir nicht gelungen, diesen Stoff in grösserer Menge willkürlich hervorzubringen. Es bildet sich als secundäres Product bei der Darstellung des Kakodylchlorürs, bald in grösserer bald in geringerer Menge. Auch setzt es sich aus dem einmal unter Wasser destillirten Kakodyloxyd ab. Bei dem Hindurchleiten der Dämpfe von Kakodyl oder Kakodyloxyd durch schwach erhitzte Röhren, sowie bei der unvollkommenen Verbrennung dieser Stoffe, erzeugt er sich in grösserer Menge, ist aber, auf diesem Wege erhalten, stets mit metallischem Arsenik verunreinigt, [42] von dem es sich nicht trennen lässt. Die zu den nachstehenden Versuchen benutzte Substanz war auf folgende Art erhalten:

Es wurden ungefähr 100 g Kakodyloxyd mit concentrirter Chlorwasserstoffsäure übergossen, wobei sich unter Bildung von Kakodylchlorür ein ziegelrother flockiger Niederschlag absetzte, der nach dem Abdestilliren der Chlorverbindung in der Retorte zurückblieb. Der Niederschlag vereinigt sich während der Destillation zu dichteren Massen, die bei zunehmend dichterer Beschaffenheit dunkler werden, und dabei ungefähr dieselben Farbennüancen durchlaufen, welche das Eisenoxyd in fein zertheiltem und dichterem Aggregatzustande zeigt. Durch sechs- bis achtmaliges Auskochen mit absolutem Alkohol wird die Substanz völlig rein und chlorfrei erhalten. Es ist nicht nöthig, bei diesem Auskochen den Luftzutritt abzuhalten, und die Substanz im luftleeren Raume über Schwefelsäure zu trocknen, um eine langsame Oxydation zu verhüten.

Auf diese Art bereitet, bildet das Erytrarsin eine in das Stahlblaue spielende, dunkelrothe, fast geruchlose Masse, die nicht die geringste Spur von Krystallisation zeigt. Sie lässt sich leicht zu einem ziegelrothen Pulver zerreiben, das an der Luft nur langsam unter Aufnahme von Sauerstoff, und wie es scheint unter Bildung von arseniger Säure zersetzt wird, indem es sich mit einem weissen Pulver bedeckt. Diese Zersetzung geht aber erst nach mehrwöchentlicher Berührung mit der Luft vor sich, Alkohol, Aether und Wasser lösen den Stoff nicht auf. Selbst ätzendes Kali ist ohne Einwirkung darauf. In concentrirter nicht rauchender Salpetersäure dagegen ist er unter Zersetzung leicht auflöslich. Rothe, rauchende Säure bewirkt eine mit Feuererscheinung begleitete Oxydation. An der Luft erhitzt, verbrennt er ohne Rückstand mit einer fahlen Arsenikflamme. In einer Glasröhre erhitzt, stösst er kakodylartig riechende Dämpfe aus, und setzt unter Zurücklassung von Kohle arsenige Säure und einen Arsenikring ab. Die ganze aus 100 g des Oxyds [43] erhaltene Menge der Substanz betrug nur wenig über 0,5 g. Es ist mir daher aus Mangel an Material nicht möglich gewesen, mehr als eine Analyse anzustellen, der ich indessen Vertrauen zu schenken geneigt bin, da sie mit besonderer Umsicht, und unter Beobachtung aller Vorsichtsmaassregeln ausgeführt worden ist.

0,394 im luftleeren Raum getrocknet, gaben mit Kupferoxyd verbrannt 0,1223 Kohlensäure und 0,074 Wasser. Der Arsenikgehalt wurde aus dem Inhalte des Verbrennungsrohrs bestimmt. Derselbe wurde in Salpetersäure gelöst, die Lösung mit Wasser verdünnt und theilweise durch kohlensaures Natron gefällt. Die von der Fällung abfiltrirte Kupferoxydlösung war völlig arsenikfrei. Der Niederschlag in Salzsäure aufgelöst, gab mit Schwefelwasserstoff-Schwefelkalium gefällt, einen ebenfalls arsenikfreien Niederschlag. Die von diesem abfiltrirte kupferfreie Lösung lieferte, mit schwefliger Säure gekocht und auf die gewöhnliche Art behandelt, 0,7191 Schwefelarsenik, von dem 0,6333 mit Salpetersäure oxydirt 0,0525 Schwefel und 2,1566 schwefelsauren Baryt gaben. Ohne die Zweifel zu verkennen, welche die geringe Menge der zu dieser Analyse verwandten Substanz noch übrig lässt, halte ich doch die gefundenen Zahlen für hinlänglich genau, um daraus die empirische Formel für diese Substanz zu berechnen, nämlich:

		berechnet	gefunden.
C_4	305,76	8,73	8,58
H_{12}	74,88	2,14	2,08
As_6	2820,24	80,56	81,56
O_3	300,00	8,57	7,78
	3500,88	100,00	100,00.

Der um ein Procent zu gross gefundene Arsenikgehalt erklärt sich aus einer kleinen Menge Schwefelkupfer, die noch im Schwefelarsenik enthalten war, die indessen wegen ihres geringen Betrages nicht weiter bestimmt werden konnte. Das Atomgewicht dieses Stoffes habe ich, da er keine Verbindungen [44 eingeht, nicht auf directem Wege bestimmen können. Doch lässt sich mit Wahrscheinlichkeit aus den Verhältnissen, unter denen derselbe aus dem Kakodyl und Kakodyloxyd entsteht, folgern, dass die angenommene Zahl die richtige ist. Ich habe nämlich gezeigt, dass das Radical der Kakodylverbindungen bei einer der Glühhitze nahe liegenden Temperatur in Arsenik, Grubengas und ölbildendes Gas zerfällt, welche Gase als Zersetzungsproducte des auf diesem Wege nicht isolirbaren Kohlenwasserstoffs $C_4 H_{12}$ angesehen werden können. Geht man von diesem Vorgange aus, so ergiebt sich, dass 3 Atome Kakodyloxyd, indem sie 2 Atome $C_4 H_{12}$ verlieren, 1 Atom Erytrarsin zurücklassen müssen, nämlich:

$$3 \text{ At. Kakodyloxyd} = C_{12} H_{36} As_6 O_3$$
$$- 2 \text{ At. } C_4 H_{12} \quad\quad = C_8 H_{24} \quad\quad = 4 C H_4 + 4 C H_2$$
$$\overline{\quad\quad\quad\quad C_4 H_{12} As_6 O_3.}$$

Was die rationelle Constitution dieser Verbindung anbelangt, so lassen sich nur Vermuthungen darüber aufstellen. Wenn das Kakodyl in Verbindung mit Sauerstoff dieselbe Zersetzung bei höherer Temperatur erleidet, wie in unverbundenem Zustande, so liegt es am nächsten, das Erytrarsin als das Oxyd eines ternären Radicals zu betrachten, welches sich vom Kakodyl nur durch einen dreimal grösseren Arsenikgehalt unterscheidet. Vielleicht gelingt es, dieses Radical im isolirten Zustande unter den bei hoher Temperatur entstehenden Zersetzungsproducten des Kakodyls aufzufinden, die, wie ich gezeigt habe, sauerstofffreie Arsenikverbindungen enthalten, welche sich vom Kakodyl nur durch einen verschiedenen Gehalt an Arsenik unterscheiden. Eine in diesem Sinne unternommene Arbeit würde freilich mit wenig einladenden Schwierigkeiten und Gefahren verbunden

sein. Allein ich gestehe, dass mich bei dem Interesse des Gegenstandes weniger diese Unbequemlichkeiten als der Reichthum
des Stoffes, den die bisher noch nicht beschriebenen Kakodylverbindungen 45) der Untersuchung darbieten, für den Augenblick von dieser Untersuchung abgezogen hat.

Wenn wir zum Schlusse dieser Betrachtungen einen Rück-
blick auf die lange Reihe der Kakodylverbindungen werfen, so
können wir darin den Grundtypus einer Zusammensetzung nicht
verkennen, der sich bei den Aetherarten auf das Genaueste wiederholt. Die Abscheidung des Kakodyls einer Substanz, die
allen Anforderungen genügt, welche die Wissenschaft an die
Theorie der organischen Radicale stellt, scheint daher den
Schlüssel zur experimentellen Lösung einer Frage zu enthalten,
welche für die organische Chemie von der höchsten Bedeutung
ist, indem dadurch die Möglichkeit, auch die Radicale der
Aetherarten aus ihren Verbindungen auf eine ähnliche Art ab-
zutrennen, in Aussicht gestellt wird. Allein dieses Ziel dürfte
keineswegs so nahe liegen, als man es nach dem Verhalten des
Kakodyls erwarten sollte. Denn keine der organischen Chlorverbindungen, welche ich in dieser Beziehung geprüft habe, lässt
sich bei ihrem Kochpunkte wie das Kakodylchlorür durch Metalle reduciren. Es ist indessen nicht unmöglich, dass der Grund
dieser abweichenden Erscheinung in dem geringen Temperatur-
intervall zu suchen ist, auf welches unsere Versuche bei dem
verhältnissmässig niedrigen Kochpunkte dieser Stoffe beschränkt sind. Auch das Kakodyl würde sich der Beobachtung entzogen haben, wenn der Kochpunkt seiner Chlorverbindung die Temperatur von 90° C., bei der die Reduction durch
Metalle beginnt, nicht überstiege. Es wird daher von grossem
Interesse sein, organische Chlorüre unter dem Drucke ihrer
eigenen Dämpfe bei höheren Temperaturen der Einwirkung von
Metallen zu unterwerfen. 25 Dabei aber dürfen wir nicht vergessen, dass sich das Gelingen dieser Versuche noch an Bedingungen knüpft, die nicht in der Hand des Beobachters liegen,
indem die Leichtigkeit, mit der die Reduction des Chlorkakodyls
erfolgt, offenbar mit auf der Löslichkeit des gebildeten Chlorürs
im Kakodyl und der [46] Verwandtschaft der metallischen und organischen Chlorverbindung zu einander beruht. In wie weit diese
Umstände bei der Abscheidung anderer Radicale in Betracht
kommen, darüber kann nur die Erfahrung entscheiden. Vielleicht auch finden wir im Kakodyl selbst, welches durch seine
energische Verwandtschaft zum Sauerstoff an das Kalium und

die Rolle erinnert, welche dieser Stoff bei der Entdeckung der Erdmetalle gespielt hat, ein Mittel zur Isolirung der Aetherradicale zu gelangen. Ist auch, wie ich mich überzeugt habe, seine Verwandtschaft zum Chlor nicht hinreichend, dasselbe anderen organischen Verbindungen zu entziehen, so dürfen wir doch ein anderes Resultat von den entsprechenden Cyanverbindungen erwarten, da das Kakodyl an Verwandtschaft zum Cyan selbst das Quecksilber noch übertrifft.

————————

1. Die meinen früheren Arbeiten *) über die rationelle Constitution der Kakodylverbindungen zum Grunde liegenden Ansichten sind aus Beobachtungen geschöpft, welche, in ihrer Gesammtheit aufgefasst, keiner mehrfachen Auslegung fähig sind. Es könnte daher überflüssig erscheinen noch weitere Belege für eine Thatsache zu suchen, welche bereits durch alle Mittel erwiesen ist, die der Wissenschaft zu Gebote stehen. Allein ein fortgesetztes Studium dieser merkwürdigen Verbindungsreihe führt noch auf andere Erscheinungen, welche uns einen tieferen Blick in das Wesen der organischen Zusammensetzung thun lassen. Wir pflegen unsere Ansichten über die Constitution der organischen Verbindungen aus ihrer Zusammensetzung und ihren generellen Charakteren — ich möchte sagen aus ihren statischen Verhältnissen fast ausschliesslich zu schöpfen. Die Aeusserung der Kräfte selbst aber, welche die organischen Atome zusammenfügt und trennt, ist der Beobachtung fast völlig unzugänglich geblieben und auf diesem Felde hat nicht selten eine übertriebene Speculation das zu ergänzen gesucht, was die Erfahrung zu erforschen uns bisher versagte. Als ein Ergebniss solcher Speculationen müssen wir namentlich die extremen Ansichten einer [2] neueren Schule betrachten, welche das wahre Wesen der organischen Verbindung in einem gänzlichen Mangel jenes binären Gegensatzes zu finden geglaubt hat, der als der wesentlichste Charakter in den Elementen der leblosen Natur hervortritt, und der unter dem gemeinschaftlichen Bande der elektrochemischen Theorie eine Reihe von Thatsachen umfasst, welche die Grundlage der heutigen Wissenschaft bilden. Die höheren Verbindungen des Kakodyls sind in dieser Beziehung

*) Annalen der Chemie und Pharmacie, Bd. XXXVII. S. 1 und Bd. XLII. S. 14.

besonders lehrreich. Sie bieten Erscheinungen dar, welche
uns die Ueberzeugung gewähren müssen, dass sich weder die
Verwandtschaft selbst, noch die Verhältnisse, unter denen sie in
Wirksamkeit tritt, bei den Verbindungen der lebenden und todten
Natur verschieden darstellen, und dass wir nichts weniger als
berechtigt sind, in die Abwesenheit dieses Gegensatzes den Charakter der organischen Verbindung zu setzen. Die experimentellen Resultate der nachstehenden Arbeit, welche die höheren Verbindungsstufen des Kakodyls umfasst, werden mich
einer weiteren Erörterung dieser Fragen überheben, und dürften
vielleicht ganz geeignet sein, den Eifer in etwas zu mässigen,
mit dem man neuerdings nicht selten den herrschenden Ansichten der Wissenschaft entgegentreten zu müssen geglaubt hat.

III. Höhere Verbindungsstufen des Kakodyls.

A. Amphigenverbindungen.

20. Kakodylsäure.

Die Kakodylsäure, welche ich bereits früher unter dem empirischen Namen Alkargen beschrieben habe, entsteht unter
sehr merkwürdigen Verhältnissen. Sie bildet sich unter heftiger
Wärmeentwicklung durch langsame Verbrennung des Kakodyls
und seiner Oxyde. Das freie Radical, indem es in diese Verbindung übergeht, durchläuft dabei unter fortwährender Aufnahme von Sauerstoff die intermediären Oxydationsstufen, und
verwandelt sich in eine zähe, syrupsdicke Flüssigkeit, in der die
Säure zum 3 grössten Theile mit dem Oxyde zu einer salzartigen Verbindung vereinigt bleibt. Diese zähe Masse löst sich
in wenig Wasser auf; bei grösserer Verdünnung aber zerfällt
sie in Parakakodyloxyd, das sich am Boden als eine ölartige
Flüssigkeit aussondert, und in aufgelöste Kakodylsäure, welche
noch eine beträchtliche Menge des Oxyds zurückhält. Eine ähnliche Zersetzung erfolgt durch Destillation der ursprünglichen
Flüssigkeit bei 120°—130° C. Das Parakakodyloxyd geht dabei grösstentheils über, während ein Gemenge der salzartigen
Oxydverbindungen mit freier Kakodylsäure in der Retorte
zurückbleibt. Das mit der Säure verbundene, in der erwähnten
zähen Flüssigkeit enthaltene Kakodyloxyd wird bei gewöhnlicher Temperatur nur äusserst schwierig oxydirt. Leitet man

indessen einen ununterbrochenen Strom Sauerstoff oder Luft
bei einer Temperatur von 60°—70° mehrere Tage lang hindurch,
so verwandelt sich der grösste Theil der Masse in Krystalle von
Kakodylsäure, wiewohl es niemals gelingt, die letzten Spuren
des Oxyds auf diese Weise mit Sauerstoff zu verbinden.

Um dieses Oxyd zu entfernen, unterwirft man die Masse der
Destillation, bis die Temperatur ungefähr auf 130°—140° gestiegen ist, wobei noch eine kleine Menge Parakakodyloxyd
übergeht. Die in der Retorte nach dem Erkalten zurückbleibende Masse giebt, zwischen Löschpapier gepresst, ein Product,
das durch zweimaliges Umkrystallisiren aus wasserfreiem Alkohol völlig rein erhalten werden kann. Allein die auf diesem
Wege erhaltene Ausbeute pflegt nur gering zu sein, da sich ein
nicht unbeträchtlicher Theil des erhitzten Kakodyloxyds bei
dem Hindurchleiten des Sauerstoffs verflüchtigt. Man wird dabei ausserdem auf das Unangenehmste durch die entweichenden
Dämpfe belästigt, welche die Atmosphäre auf eine unerträgliche
Weise verpesten.

Alle diese Uebelstände lassen sich vermeiden, wenn man
die Oxydation durch Quecksilberoxyd bewirkt, welches sehr
[4] leicht unter heftiger Erhitzung seinen Sauerstoff an das Kakodyloxyd abtritt. Bringt man diese Stoffe unter einer Wasserschicht mit einander in Berührung, so findet eine solche Temperaturerhöhung statt, dass die ganze Masse nach wenigen
Augenblicken in's Kochen geräth, wenn man sie nicht von aussen
abkühlt oder kaltes Wasser hinzugiesst. Sobald das Gemisch
den Geruch nach Kakodyloxyd völlig verloren und sich nach
einiger Zeit geklärt hat, giesst man den flüssigen Theil von
dem reducirten Quecksilber ab und fügt, um das gebildete kakodylsaure Quecksilberoxyd zu zersetzen, so lange Kakodyloxyd tropfenweise hinzu, bis die Flüssigkeit bei dem Erhitzen kein
Quecksilber mehr ausscheidet, und schwach alkarsinartig riecht.
Die bei dem Abdampfen erhaltene und in Alkohol gelöste Masse
liefert schon bei der ersten Krystallisation ein fast reines Product. Man gewinnt fast die ganze Menge an Säure, welche der
Theorie nach erhalten werden kann. 76 g Kakodyloxyd mit
218 g Quecksilberoxyd behandelt, lieferten 88 g Säure, welche
der berechneten Menge 92,7 so nahe kommt, als man bei der
Unreinheit des angewandten nicht wasserfreien rohen Kakodyloxyds nur immer erwarten kann. Die Entstehung der Säure
aus dem Kakodyl oder Kakodyloxyd erklärt sich leicht aus der
beistehenden Uebersicht:

$$\left.\begin{array}{l} KdO \\ 2\,HgO \\ H_2O \end{array}\right\} \begin{array}{l} H_2O + KdO_3 \\ Hg_2. \end{array}$$

Das Kakodyl und sein Oxyd sind indessen nicht die einzigen Verbindungen, welche durch directe Oxydation in Kakodylsäure übergehen. Kakodylsulfür z. B. verwandelt sich, der Luft ausgesetzt, in eine weisse Salzmasse, aus der Aethyloxyd Kakodylsulfid unter Zurücklassung von reiner Kakodylsäure auszieht.

$$\left.\begin{array}{l} 4\,KdS \\ O_6 \\ 2\,H_2O \end{array}\right\} \begin{array}{l} 2\,H_2O + KdO_3 \\ KdS + KdS_3. \end{array}$$

5] Ich habe in einer früheren Arbeit für das Alkargen die empirische Formel $C_4H_{11}As_2O_5$ aufgestellt. Sie ist aus Analysen abgeleitet, welche mit Kupferoxyd ausgeführt wurden. Allein spätere Versuche haben mich überzeugt, dass durch diese Verbrennungssubstanz ohne Anwendung von Sauerstoffgas keine vollständige Oxydation erreicht werden kann. Ich habe daher die Analyse mit chromsaurem Bleioxyd, sowie mit Kupferoxyd in einer Atmosphäre von Sauerstoff wiederholt und gefunden, dass die Verbindung nicht 5, sondern nur 4 Atome Sauerstoff enthält. Mit dieser Zusammensetzung stimmt auch die erste meiner früher angestellten Analysen, bei welcher nur eine sehr geringe Menge Substanz angewendet wurde und daher die Verbrennung vollständiger erfolgen konnte, genau überein. Den Arsenikgehalt habe ich bei meinen späteren Versuchen ebenfalls bedeutend höher gefunden. Der Grund dieser Differenz erklärt sich aus der Bildung von Chlorarsenik, welches bei der Oxydation des Alkargens durch chlorsaures Kali, dessen ich mich bei meinen früheren Versuchen bedient habe, nicht ganz vermieden werden zu können scheint. Die nachstehenden Versuche, welche mit allen Vorsichtsmaassregeln angestellt wurden, die bei schwerverbrennlichen Substanzen unerlässlich sind, beseitigen jeden Zweifel über die richtige Zusammensetzung dieser Säure:

I. 0,154 gaben mit chromsaurem Bleioxyd verbrannt, 0,288 Kohlensäure und 0,2018 Wasser.

II. 0,4512 gaben 0,2830 Kohlensäure und 0,1960 Wasser.

III. 0,3526 gaben 0,2234 Kohlensäure und 0,1600 Wasser.

IV. 0,1025 gaben mit Zinkoxyd in einem Verbrennungs-rohr geglüht, nach dem Auflösen und Behandeln mit schweflig-saurem Natron und Schwefelwasserstoff 0,4785 schwefelhaltiges Schwefelarsenik. 0,4125 des Niederschlags lieferten nach der Behandlung mit Salpetersäure 0,072 Schwefel und 1,052 schwe-felsauren Baryt. Dies entspricht:

[6]	berechnet	gefunden.		
		I.	II.	III [*].
Kohlenstoff C_4 = 303,42	17,63	17,44	17,24	17,39
Wasserstoff H_{14} = 74,88	5,07	5,01	4,82	5,04
Arsenik As_2 = 940,00	54,25	56,27		
Sauerstoff O_4 = 400,00	23,05	21,28		
1718,30	100,00	100,00.		

Aus der Zusammensetzung der kakodylsauren Salze, auf die ich sogleich zurückkommen werde, ergiebt sich, dass die freie Kakodylsäure ein Atom Wasser enthält, welches bei höheren Temperaturen nicht daraus abgeschieden, sondern nur durch Basen ersetzt werden kann. Die rationelle Formel derselben ist daher $H_2O + C_4 H_{12} As_2 O_3$.

Fassen wir die verschiedenen Oxydationsstufen des Kako-dyls zusammen, so ergiebt sich die merkwürdige Thatsache, dass dieses Radical in drei verschiedenen Verhältnissen direct mit dem Sauerstoff zusammentritt.

1) $C_4 H_{12} As_2$ Kakodyl,
2) $C_4 H_{12} As_2 O$ Kakodyloxyd,
3) $C_4 H_{12} As_2 O_2 = C_4 H_{12} As_2 O + C_4 H_{12} As_2 O_3$,
4) $C_4 H_{12} As_2 O_3$ Kakodylsäure.

Gehen wir ferner auf das Verhalten zurück, welches die Glieder dieser Reihe darbieten, so ist es nicht zu verkennen, dass das niedrigste derselben sich zu den übrigen verhält wie ein Metall zu seinen Oxyden. Wir sehen hier wie dort den elektrochemischen Charakter bedingt durch die Zahl der hinzu-tretenden Sauerstoffatome. Während die niedrigste Verbindung

---

*. Die beiden ersten Analysen sind mit einem durch Quecksilber-oxyd erhaltenen Product angestellt, die dritte ist von Herrn Dr. Cas-selmann mit einer Säure ausgeführt, welche durch directe Oxydation an der Luft erhalten war.

mit einem Atom Sauerstoff eine salzfähige Basis bildet, stellt die
[7] vierte, welche 2 At. Sauerstoff mehr enthält, eine Säure dar,
die mit jenem Oxyde zu einem Salze verbunden sich in der
dritten wiederfindet. Noch schöner tritt diese Analogie in der
Entstehung dieser Stoffe hervor. Das Radical, indem es unter
dem directen Einflusse des Sauerstoffs in die Säure übergeht,
durchläuft dabei alle intermediären Oxydationsstufen und die
Leichtigkeit, mit der dieselben entstehen, und die dabei frei-
werdende Wärme richtet sich wie bei den einfachen Körpern
nach dem Grade der Oxydation. Die Erscheinungen, welche die
Bildung des niederen Oxyds aus dem Radical begleiten, deuten
augenscheinlich auf eine Verwandtschaft des letzteren zum
Sauerstoff hin, welche von der des Kaliums kaum an Energie
übertroffen wird. Bei der Bildung der Säure aus dem Oxyde
dagegen, welche allein bei höherer Temperatur vollständig und
selbst dann nur äusserst langsam erfolgt, sehen wir dieses Ver-
einigungsbestreben im hohen Grade geschwächt. Bei der Säure
endlich ist dasselbe gänzlich erschöpft, so dass es durch keins
der Mittel, deren wir uns zur Erzeugung der höheren Oxydationsstufen bedienen, gelingt, die Zahl der Sauerstoffatome in
dieser Verbindung noch zu vermehren.

Zu den interessantesten Beziehungen, welche diese Körper-
classe darbietet, gehören unstreitig die ungewöhnlichen Reductionserscheinungen, welche die ihr angehörigen Verbindungen
unter dem Einflusse desoxydirender Mittel zeigen. Diese Erscheinungen können uns nur in der Ueberzeugung bestärken,
dass die Verwandtschaft der zusammengesetzten Radicale identisch ist mit der der einfachen, und dass sich selbst in den
accessorischen Phänomenen, welche diese Kraft begleiten, keine
Verschiedenheit entdecken lässt.

Wie wir das erste Sauerstoffatom zu dem Radical mit grösserer Leichtigkeit hinzutreten sehen, als die beiden anderen,
ebenso lässt sich aus den Reductionserscheinungen der Säure
der Schluss ziehen, dass dieses erste Atom mit grösserer [8] Verwandtschaft vom Radical zurückgehalten wird, als die beiden
anderen. Denn keine Substanz ist im Stande die Verwandtschaft
dieses ersten Atoms zu überwinden [26]), während die Säure eine
Reihe von Zersetzungen erleidet, welche auf der Abtrennung
der beiden Sauerstoffatome beruhen, durch deren Mehrzahl sie
sich von dem Oxyde unterscheidet. Die Reactionen, auf welchen
diese Reduction beruht, sind so merkwürdig, dass es nicht überflüssig sein dürfte, sie im einzelnen etwas näher zu betrachten.

Schweflige Säure, Oxalsäure, schwefelsaures Eisenoxydul, freies Wasserstoffgas und andere schwächere Reductionsmittel verhalten sich indifferent gegen die Säure. Phosphorige Säure dagegen, mit einer Lösung von Kakodylsäure erwärmt, entwickelt augenblicklich den penetranten Geruch des Kakodyloxyds, welches bei dem Kochen in weissen Dämpfen entweicht.

$$H_2O + KdO_3 \left\{ \begin{array}{l} \text{Kd O} \\ Ph_2O_5 \\ H_2O. \end{array} \right. \quad Ph_2O_3$$

Ebenso geht dieser Stoff bei der Digestion mit saurer Zinnchlorürlösung augenblicklich in Kakodylchlorür über, das sich sogleich durch seinen Geruch zu erkennen giebt.

$$H_2O + KdO_3 \left\{ \begin{array}{l} 4\,H_2O \\ 2\,SnCl_4 \\ KdCl_2. \end{array} \right. \quad \begin{array}{l} 2\,SnCl_2 \\ H_6Cl_6 \end{array}$$

Eine ähnliche Reduction erfolgt bei dem Kochen einer wässerigen Lösung von Kakodylsäure mit metallischem Zink. Es entsteht dabei kakodylsaures Zinkoxyd und Kakodyloxyd.

$$3\,H_2O + KdO_3 \left\{ \begin{array}{l} KdO \\ 2\,(ZnO + KdO_3 \\ 3\,H_2O. \end{array} \right. \quad Zn_3$$

Sehr merkwürdig ist das Verhalten der Kakodylsäure gegen die Wasserstoffsäuren. Leitet man über die völlig getrocknete Verbindung entwässertes Jodwasserstoffgas, so entsteht unter [9] heftiger Erhitzung Wasser, Jodkakodyl und freies Jod, welches sich nach und nach in dem letzteren auflöst und eine weitere Zersetzung desselben bewirkt:

$$H_2O + KdO_3 \left\{ \begin{array}{l} 4\,H_2O \\ KdJ_2 \\ J_4. \end{array} \right. \quad H_6J_6$$

Bromwasserstoffsäure bewirkt eine ähnliche Reaction. Schwefelwasserstoff dagegen erzeugt unter denselben Verhältnissen Kakodylsulfid, Wasser und freien Schwefel:

$$2\,H_2O + KdO_3 \left\{ \begin{array}{l} 5\,H_2O \\ KdS + KdS_3 \\ S_2. \end{array} \right. \quad 6\,H_2S$$

Phosphorwasserstoff, Arsenikwasserstoff und Ammoniak sind
ohne Einwirkung; Chlorwasserstoffgas endlich, in völlig entwässer-
tem Zustande über die trockne Säure geleitet, verbindet sich damit
zu einem der Säure entsprechenden basischen Superchlorid, das bei
dem Abkühlen zu grossen strahligen Krystallen gesteht. Alle diese
Reductionen sind von einer heftigen Wärmeentwicklung begleitet.

Eine andere Eigenschaft, durch welche sich diese Säure vor
allen andern in der organischen Chemie auszeichnet, ist ihre
beispiellose Stabilität. Weder rothe rauchende Salpetersäure,
noch Salpetersalzsäure, ja nicht einmal ein Gemenge von
Schwefelsäure und chromsaurem Kali greift sie im mindesten
an. Man kann diese Stoffe damit kochen, ohne dass weder der
Wasserstoff, noch der Arsenik die geringste Oxydation erleidet.
Selbst Chromsäure bewirkt nur dann eine von Feuererscheinung
und heftiger Explosion begleitete Oxydation, wenn man sie im
trocknen Zustande mit der Kakodylsäure erhitzt. Diese ungewöhnliche Beständigkeit des Radicals ist ganz geeignet, uns
einen Begriff von der energischen Verwandtschaftskraft zu
geben, mit der die constituirenden Atome im Radical zu einem
Ganzen verschmolzen sind. Man begreift daraus, dass diese Kraft
eine [10] ungleich grössere ist, als diejenige, welche die unorganischen Atome zusammenhält. Denn unter allen unorganischen Verbindungen, welche Arsenik oder Wasserstoff als Elemente enthalten, findet sich keine, welche dem Einflusse des
Chlors und der stärkeren Oxydationsmittel unter denselben
Verhältnissen, welche auf die Kakodylsäure ohne allen Einfluss
sind, widerstände. Wenn wir daher einen Unterschied in der
Verbindungsweise der organischen und unorganischen Atome
statuiren wollen, so haben wir ihn nur in dem Wesen der organischen Radicale selbst, und namentlich in dem Umstande zu
suchen, dass die einzelnen sie constituirenden Elemente, durch
eine gleichsam potenzirte Verwandtschaft mit einander verschmolzen, mehr oder weniger aufhören, an und für sich einen
Angriffspunkt der Verwandtschaft zu bilden.

Die Kakodylsäure bietet endlich noch eine besondere Eigenthümlichkeit dar, welche in dem Wesen der organischen Zusammensetzung tief begründet zu sein scheint. Betrachten wir
nämlich die unorganischen Verbindungen des Arseniks in ihren
Wirkungen auf den Organismus, so tragen sie insgesammt einen
pharmakodynamischen Charakter an sich, der in seinen Haupt-
symptomen unabhängig erscheint von der Natur der Verbindung, in welcher sich das Metall befindet, und den wir bei den

unverbundenen Oxydationsstufen sowohl, als bei ihren sauren und basischen Salzen, den wir selbst bei der Schwefelverbindung in ähnlicher Weise wiederfinden. Dieser, allen löslichen anorganischen Verbindungen des Arseniks eigenthümliche Charakter geht der Kakodylsäure gänzlich ab, obwohl sie nicht weniger als $71\frac{1}{2}$ % Arsenik und Sauerstoff in demselben Verhältniss enthält, wie die arsenige Säure. Sie ist selbst in grösseren Dosen genommen nicht im mindesten giftig. Prof. *Kürschner* hat dieselbe bei Versuchen benutzt, welche diese Thatsache ausser allen Zweifel setzen, und meine früheren Beobachtungen an Fröschen vollkommen bestätigen. 6 Gran der Säure einem Kaninchen [11] in den Magen gespritzt, brachten nicht das geringste Unwohlsein hervor. 7 Gr. in die Jugularvenen gebracht, zeigten sich bei denselben Thieren eben so wirkungslos. Selbst eine Dosis von 4 Gr. Kakodylsäure in die Lunge gespritzt, brachte bei einem Kaninchen keine Vergiftungssymptome hervor. Gehen wir auf den Grund dieser unerwarteten Erscheinung zurück, so bietet sich dafür nur in der Annahme eine Erklärung dar, dass die Verbindungsweise des Arseniks im Kakodyl eine andere ist, als in seinen unorganischen Verbindungen. Indem es darin aufgehört hat, für sich einen Angriffspunkt der Verwandtschaft zu bilden, hat es zugleich seine Reaction auf den Organismus verloren.

Die Kakodylsäure kann aus ihrer Auflösung in Alkohol in grossen, wohl ausgebildeten wasserhellen Krystallen erhalten werden, deren Form ich bereits bei einer früheren Gelegenheit genauer beschrieben habe. Diese Krystalle sind an feuchter Luft zerfliesslich, an trockner beständig und ohne allen Geruch. Ihr Geschmack und ihre Reaction ist schwach säuerlich. Sie lassen sich, ohne Zersetzung und ohne Wasser abzugeben, bis zu 200^0 C. erhitzen. Bei dieser Temperatur schmelzen sie zu einer ölartigen Flüssigkeit, die erst bei 90^0 C. wieder zu einer strahlig krystallinischen Masse gesteht. Ueber diese Temperatur hinaus werden sie völlig zersetzt unter Bildung von arseniger Säure und Ausgabe stinkender flüchtiger, arsenikhaltiger Producte. Sie verbindet sich unter Verlust ihres Wasseratoms mit Basen zu eigenthümlichen Salzen, welche alle im Wasser löslich sind und aus Alkohol zum Theil krystallisirt erhalten werden können. Sie treibt Kohlensäure aus. Ihre Salze zersetzen sich bei höherer Temperatur, wie die freie Säure unter Entwicklung stinkender Zersetzungsproducte und Zurücklassung von kohlensauren und arseniksauren Salzen.

Ich werde mich im Nachstehenden nur auf die nähere Betrachtung derjenigen Salze beschränken, welche ihren [12] Eigenschaften und ihrer Zusammensetzung nach ein besonderes Interesse darbieten.

21. Neutrales kakodylsaures Silberoxyd.

Diese Verbindung wird am leichtesten durch Auflösen von reinem Silberoxyd in Kakodylsäure erhalten. Die mit einem Ueberschuss des Oxyds bis zur Trockenheit abgedampfte Masse löst sich leicht im Alkohol auf, aus dem sie bei dem Erkalten in grossen Krystallen anschiesst. Sie bildet lange, äusserst zarte, gewöhnlich concentrisch gruppirte geruchlose Nadeln, die an der Luft beständig sind, vom Lichte geschwärzt werden, und sich im Wasser in allen Verhältnissen lösen. Sie lassen sich bis 100° und darüber ohne Wasser auszugeben erhitzen, zersetzen sich aber bei einer nicht viel höheren Temperatur unter Ausgabe flüchtiger alkarsinartig riechender Producte, die sich von selbst an der Luft entzünden. Diese Zersetzung erfolgt noch unter der Temperatur, bei welcher sich das Silber mit Arsenik verbindet. Das zurückbleibende Metall ist daher arsenikfrei.

I. 0.2319 der bei 100° getrockneten Verbindung gaben 0,102 metallisches Silber.

II. Ein anderer Versuch mit 0,5305 wiederholt gab 0,234 Silber.

III. 1,0055 der Substanz mit chromsaurem Bleioxyd verbrannt, gaben 0,3595 Kohlensäure und 0,2200 Wasser.

Daraus ergiebt sich die Zusammensetzung:

		berechnet		gefunden.	
				I.	II.
Kohlenstoff	C_4	303,42	9,89	9,83	»
Wasserstoff	H_{12}	74,88	2,44	2,43	»
Arsenik	As_2	940,08	30,62	»	»
Sauerstoff	O_3	300,00	9,77	»	»
Silberoxyd	$Ag O$	1451,61	47,28	47,24	47,36
		3069,99	100,00.		

[13] Die Verbindung ist daher wasserfrei und nach der Formel $Ag O + C_4 H_{12} As_2 O_3$ zusammengesetzt.

22. Saures kakodylsaures Silberoxyd.

Behandelt man Kakodylsäure mit kohlensaurem Silberoxyd mehrere Tage lang in der Wärme, und dampft man die Masse bis zur Trockenheit ab, so zieht Wasser aus derselben ein dreifach saures Salz aus, das dem eben betrachteten im Aeussern nicht unähnlich ist, das aber schwieriger und in undeutlichern Nadeln krystallisirt. Die zur Analyse verwandte Substanz war im luftleeren Raume bei gewöhnlicher Temperatur getrocknet:

I. 1,142 gaben 0,571 Kohlensäure und 0,363 Wasser.

II. 0,7221 lieferten 0,1865 Chlorsilber und 0.008 mit der Filterasche erhaltenes metallisches Silber.

Die Zusammensetzung des Salzes ist daher:

			berechnet	gefunden.
Kohlenstoff	C_{12}	916,8	14,02	13,76
Wasserstoff	H_{40}	249,6	3,82	2,53
Arsenik	As_6	2820,0	43,13	»
Sauerstoff	O_{11}	1100,0	16,82	»
Silberoxyd	AgA	1451,6	22,20	22,08
		6538,0	100,00.	

Es besteht daher aus 3 At. Kakodylsäure, 1 At. Silberoxyd und 2 At. Wasser $AgO + 3 (C_4 H_{12} As_2 O_3) + 2 H_2 O$.

23. Kakodylsaures Silberoxyd mit salpetersaurem Silberoxyd.

Vermischt man alkoholische Lösungen von Kakodylsäure und salpetersaurem Silberoxyd, so scheidet sich neutrales kakodylsaures Silberoxyd in grossen nadelförmigen Krystallen ab. Diese Krystalle erleiden unter der Flüssigkeit in wenigen Augenblicken eine Veränderung. Sie verwandeln sich in perlmutterglänzende Schüppchen, welche aus einer Verbindung des neutralen Salzes mit salpetersaurem Silberoxyd bestehen. Man wäscht dieselben so schnell als möglich durch Dekantation aus, und trocknet sie [14] bei Ausschluss des Lichtes über Schwefelsäure. Sie zeigen eine geringere Beständigkeit, als die eben betrachtete Verbindung, und färben sich am Lichte sehr schnell dunkelbraun. Für sich bis 100° erhitzt, so wie bei dem Kochen mit Wasser, erleiden sie dieselbe Veränderung. Bei 210° zersetzt sich das Salz mit einer kleinen Explosion, wie oxalsaures Silber-

oxyd. In Wasser löst es sich leicht, in absolutem Alkohol dagegen schwierig auf. Salpetersäure wird darin leicht durch ihre
Reagenzien erkannt.

I. 0,911 gaben 0,204 Kohlensäure und 0,1245 Wasser.

II. Bei einer zweiten Analyse wurden von 0,922 g, 0,2015
Kohlensäure und 0,117 Wasser erhalten.

III. 0,959 gaben 0,652 Chlorsilber und 0,0075 bei der Verbrennung des Filters erhaltenes Silber.

Die Zusammensetzung dieses Salzes ist daher:

		berechnet	gefunden.	
			I.	II.
Kohlenstoff	C_4	303,4	5,88	6,16	6,01
Wasserstoff	H_{12}	74,8	1,44	1,51	1,41
Arsenik	As_2	940,0	18,07	»	
Sauerstoff	O_3	300,0	5,77	»	
Silberoxyd	$2 AgO$	2903,2	55,82	55,84	
Salpetersäure	N_2O_5	677,0	13,02		
		5198,4	100,00.		

Ihr entspricht die Formel $(AgO + C_4H_{12}As_2O_3) + AgO + N_2O_5)$.

24. Kakodylsaures Quecksilberoxyd.

Diese Verbindung kann nicht völlig rein erhalten werden,
da sie bei dem Auflösen in Wasser oder Alkohol in ein Gemenge
verschiedener basischer und saurer Salze zerlegt wird. Dampft
man eine Lösung von Kakodylsäure mit einem Ueberschuss
von frisch gefälltem Quecksilberoxyd ab, so erhält man eine
weisslichgelbe Masse. die mit Wasser oder Alkohol extrahirt
[15] stets eine trübe Lösung giebt. welche sich nicht klar filtriren lässt.

Am reinsten, jedoch nicht hinlänglich rein, um der Analyse
unterworfen werden zu können, erhält man das Salz, wenn man
in einem Ueberschuss von concentrirter Kakodylsäurelösung
frisch gefälltes Quecksilberoxyd auflöst. Das Salz krystallisirt
dann bei dem freiwilligen Verdampfen der Lösung über Schwefelsäure aus. Es bildet weisse, zarte, wollig gruppirte Nadeln,

die mit Wasser oder Alkohol unter Abscheidung von Quecksilberoxyd gelb werden. Bei dem Erhitzen entweicht metallisches
Quecksilber und ein Gemenge stinkender nach Alkarsin riechender Producte. Durch Vermischen alkoholischer Lösungen von
Quecksilberchlorid und Kakodylsäure kann dieses Salz nicht
erhalten werden, da sich unter diesen Umständen eine eigenthümliche Verbindung erzeugt, welche Kakodylsuperchlorid zu enthalten scheint, und auf die ich weiter unten zurückkommen
werde. Die Unmöglichkeit, das Salz rein darzustellen, hat mich
von einer genauen Untersuchung desselben abgehalten.

25. Kakodylsaures Kupferoxyd mit Kupferchlorid.

Diese Verbindung entsteht bei dem Vermischen alkoholischer
Lösungen von Kupferchlorid und Kakodylsäure. Ist die letztere
im Uebermaass vorhanden, so wird das Kupferchlorid vollständig ausgefällt. Es bildet sich ein schleimiger, grünlicher
Niederschlag, der bei dem Kochen der darüberstehenden Flüssigkeit körnig wird und eine grünlich gelbe Farbe annimmt.
Derselbe lässt sich leicht und vollständig mit Alkohol auswaschen. Er löst sich leicht in Wasser, kann aber durch Verdunsten daraus nicht krystallisirt erhalten werden. Bei dem
Erhitzen stösst die Verbindung kakodylartig riechende Dämpfe
aus, die sich von selbst an der Luft entzünden. Im Rück-
stande bleibt Chlorkupfer, arsenigsaures Kupferoxyd, Arsenik
und Kohle.

Bei der Analyse mit chromsaurem Bleioxyd wurden folgende
Resultate erhalten:

[16] I. 0,460 gaben 0,1523 Kohlensäure und 0,0882
Wasser.

II. 0,929 gaben 0,3080 Kohlensäure und 0,1794 Wasser.

III. 0,545 gaben 0,484 Chlorsilber und 0,020 mit der Filterasche erhaltenes Silber. Die rückständige von Silber befreite
Flüssigkeit gab 0,184 Kupferoxyd.

Daraus ergiebt sich die Zusammensetzung:

		berechnet		gefunden.	
				I.	II.
Kohlenstoff	C_{16}	1231,1	9,10	9,10	9,12
Wasserstoff	H_{18}	299,5	2,25	2,13	2,14
Arsenik	As_5	3760,3	25,20	»	
Sauerstoff	O_{14}	1400,0	10,50	»	
Chlor	Cl_{14}	3098,0	23,24	23,12	
Kupfer	Cu_9	3561,3	26,71	26,94	
		13333,3	100,00.		

Das Salz kann demnach als eine Verbindung von 2 At. saurem kakodylsaurem Kupferoxyd mit 7 At. Kupferchlorid betrachtet werden, nämlich: $2 (CuO, 2 KO_3) + 7 CuCl_2.^{27}$
Die übrigen kakodylsauren Salze bieten kein besonderes Interesse dar. Die Säure giebt mit Kali eine zerfliessliche Verbindung, die bei dem Abdampfen aus wässrigen Lösungen in concentrisch strahligen, dem Wawellit ähnlichen Krystallgruppirungen anschiesst. Das Natronsalz ist dieser Verbindung durchaus ähnlich, aber an der Luft beständiger. Die übrigen Salze mit metallischer Basis können nicht krystallisirt erhalten werden, sondern bilden gummiartige Massen, die in Wasser und Alkohol in allen Verhältnissen löslich sind.

26. Kakodylsulfid*.

Dieser merkwürdige Körper lässt sich am leichtesten durch directe Verbindung des Kakodylsulfürs mit Schwefel darstellen. [17] Das durch dreimalige Destillation von Schwefelbarium mit Chlorkakodyl erhaltene chlorfreie Sulfür wird in einem mit Kohlensäure gefüllten Kolben über Chlorcalcium völlig vom Wasser befreit, in einer ebenfalls mit Kohlensäure angefüllten Digerirflasche gewogen und mit $\frac{1}{7.363}$ [2] seines Gewichts scharf getrockneten Schwefelblumen versetzt. Bei dem Erwärmen löst sich der Schwefel zu einer schwach gelblich gefärbten Flüssigkeit auf, welche bei dem Erkalten völlig zu einem Aggregat

---

* Die Verbindung entspricht, wie ich weiter unten zeigen werde, der rationellen Formel $C_4H_{12}As_2S + C_4H_{12}As_2S_3$ und würde daher richtiger Kakodylsulfokakodylat genannt werden können. Ich habe indessen der kürzeren Bezeichnung wegen den obigen Namen gewählt.

weisser Krystallschuppen gesteht. Diese sind mit etwas freiem
Schwefel oder mit einer kleinen Menge des Sulfürs verunreinigt.
Sie enthalten ausserdem nicht selten Spuren von Kakodylsäure,
welche man dadurch entfernt, dass man die Masse in erhitztem
absolutem Alkohol auflöst und so lange Alkohol und Wasser
hinzufügt, bis die Flüssigkeit bei 40° anfängt, Krystalle abzu-
setzen. Diese Vorsichtsmaassregel ist nothwendig, weil das Sulfür über 40° nicht durch Krystallisation gereinigt werden kann,
da es sich bei höheren Temperaturen als eine Flüssigkeit aussondert. Die alkoholische Mutterlauge ist hinlänglich rein, um
noch zur Darstellung der Kakodylschwefelsalze benutzt werden
zu können. Da bei dieser Darstellung ausser dem Kakodylsulfid keine andere Substanz gebildet wird, so erhält man aus
einem Atom der niederen Schwefelverbindung genau ein Atom
des Sulfids, d. h. auf 100 Theile des ersteren 113,2 Theile des
letzteren. Das Kakodylsulfid entsteht ausserdem bei der Oxydation des Sulfürs an der Luft. Zwei Atome dieser Verbindung
nehmen dabei drei Atome Sauerstoff auf und verwandeln sich
in eine feste Masse, die aus Krystallen von Kakodylsäure und
aus Kakodylsulfid bestehen, welche sich durch wasserfreien
Aether, worin nur das letztere auflöslich ist, leicht trennen
lassen.

$$\left.\begin{array}{l} 4\ \mathrm{Kd\,S} \\ \mathrm{O}_6 \\ 2\ \mathrm{H_2O} \end{array}\right\} \quad \begin{array}{l} \mathrm{Kd\,S} + \mathrm{Kd\,S_3} \\ 2\ \mathrm{H_2O} + \mathrm{Kd\,O_3}. \end{array}$$

So merkwürdig indessen auch diese Zersetzung in 18 theoretischer Beziehung ist, da sie vollkommen mit dem Verhalten
übereinstimmt, welches viele basische Schwefelmetalle darbieten, so eignet sie sich doch um so weniger zu einer Darstellungsmethode, als die langsame Oxydation an der Luft mit
grossen Unbequemlichkeiten verbunden ist. Eine dritte Art der
Darstellung gründet sich auf das Verhalten der Kakodylsäure
zum Schwefelwasserstoff. Leitet man einen Strom dieses Gases
durch eine concentrirte alkoholische Auflösung der Säure, so
entsteht eine weisse Fällung, welche aus einem Gemenge von
Schwefel und Kakodylsulfid besteht. Behandelt man den Niederschlag mit schwachem Alkohol, so lösen sich die Schwefelverbindungen unter Zurücklassung des freien Schwefels zu
einer Flüssigkeit auf, aus der bei dem Erkalten das Sulfid in
Krystallen anschiesst.

$$2 \begin{array}{l} (H_2O + KdO_3) \\ 6\,H_2S \end{array} \left\{ \begin{array}{l} KdS + KdS_3 \\ 5\,H_2O \\ S_2. \end{array} \right.$$

Die Kakodylsäure verhält sich daher auch in dieser Beziehung den meisten Metallsäuren analog, welche, wie die Arseniksäure, unter Absatz von Schwefel durch Schwefelwasserstoff als niedere Schwefelverbindungen gefällt werden. Wendet man dagegen eine mit Wasser verdünnte alkoholische Lösung der Säure zu diesem Versuche an, so entsteht neben dem Sulfid auch noch eine nicht unbeträchtliche Menge Sulfür, dessen Bildung sich aus dem beistehenden Schema leicht erklärt:

$$\begin{array}{l} H_2O + KdO_3 \\ 3\,H_2S \end{array} \left\{ \begin{array}{l} KdS \\ 3\,H_2O \\ S_2. \end{array} \right.$$

Die Gegenwart von Wasser ist für diese Reactionen nicht erforderlich. Leitet man von Wasser befreites Schwefelwasserstoffgas über die vollkommen getrocknete Säure, so erfolgt dieselbe Reaction, wobei eine solche Erhitzung eintritt, dass das Gefäss, welches die Säure enthält, abgekühlt werden muss, um einer weiteren Zersetzung der gebildeten Producte vorzubeugen. [19 Bei dem langsamen Abkühlen bildet das Kakodylsulfid grosse wasserhelle rhombische Tafeln, die bei schneller Krystallisation als eine zusammengehäufte Masse kleiner Prismen erscheinen, sich weich und fettartig zwischen den Fingern anfühlen lassen, an der Luft beständig sind, und einen penetranten Geruch nach asa foetida verbreiten. Bei 50° schmilzt der Stoff zu einem farblosen Liquidum, das bei dem Erkalten zu einer krystallinisch-blättrigen Masse gesteht. Erhitzt man stärker, so entweicht Kakodylsulfür, mit etwas unzersetztem Sulfid gemengt. Der Rückstand färbt sich dabei gelblich. Bei dem Auflösen desselben in Alkohol scheidet sich etwas Schwefel ab, während die Lösung nichts als unverändertes Sulfid enthält. Bei noch stärkerer Erhitzung destillirt die niedere Schwefelverbindung mit etwas Sulfid gemengt über, während Schwefel, dem eine kaum bemerkbare Menge Realgar beigemengt ist, sublimirt.

$$KdS + KdS_3 = 2\,KdS,\ S_2.$$

In der Glühhitze bildet sich Schwefelarsenik und ein Gemenge stinkender Zersetzungsproducte. Bei dem Erhitzen an der Luft entzündet sich der Stoff, indem er zu Wasser, Kohlensäure, schwefliger Säure und arseniger Säure, welche als weisser Rauch entweicht, mit bläulich fahler Flamme verbrennt. In wässrigem und absolutem Alkohol löst er sich mit Leichtigkeit auf, in Aether dagegen schwieriger, in Wasser ist er unlöslich. Schwefelsäure löst ihn unter Entwicklung von schwefliger Säure und reichlicher Abscheidung von Schwefel auf. Chlorwasserstoffsäure löst ihn ebenfalls, jedoch wie es scheint, ohne merkliche Zersetzung. Seine mit Wasser verdünnte alkoholische Lösung zeigt ein sehr sonderbares Verhalten. Das Sulfid scheidet sich daraus bei einem gewissen Grad der Verdünnung in ölartigen Tropfen ab, welche sich in der ruhig stehenden Flüssigkeit bis 20^0 C. ohne fest zu werden abkühlen lassen, bei der leisesten Berührung der Flüssigkeit aber unter heftiger Erwärmung zu schönen Krystallen gestehen. Salpetersäure verwandelt den Stoff [20] unter Abscheidung von Schwefel und Bildung von Schwefelsäure in Kakodylsäure.

$$KdS + Kd\,S_3 \atop 2\ H_2O + N_2O_5. \left\{ 2\ (H_2O + KdO_3) \atop S_4 \atop 2\ N_2O_2. \right.$$

Braunes Bleisuperoxyd bewirkt dieselbe Zersetzung unter Absatz von Schwefel und Schwefelblei und unter Bildung von kakodylsaurem Bleioxyd.

$$KdS + KdS_3 \atop 4\ PbO_2 \left\{ 2\ (PbO + KdO_3) \atop 2\ PbS \atop S_2. \right.$$

Durch Quecksilber wird die Substanz schon bei gewöhnlicher Temperatur reducirt. Es bildet sich unter bedeutender Erhitzung Schwefelquecksilber und Kakodylsulfür, welches seinerseits bei einer Temperatur von 200^0 C. unter Abscheidung des Radicals das letzte Atom Schwefel, wie ich früher gezeigt habe, an das Quecksilber abgiebt.

$$KdS + KdS_3 \atop Hg_2 \left\{ 2\ KdS \atop 2\ HgS. \right.$$

Die Analyse dieser, sowie der übrigen hierhergehörigen Schwefelverbindungen, ist mit einigen Schwierigkeiten verbunden. Die Verbrennung lässt sich indessen mit chromsaurem Bleioxyd ausführen, wenn man den vordern Theil der Verbrennungsröhre mit Kupferspähnen anfüllt und ein Röhrchen mit Bleisuperoxyd vor dem *Liebig*'schen Kaliapparat einschaltet.

I. 0,6235 Substanz gaben 0,3995 Kohlensäure und 0,2441 Wasser.

II. 1,0507 Substanz gaben 0,6735 Kohlensäure und 0,4173 Wasser.

III. 0.9165 Substanz gaben 0,5690 Kohlensäure und 0,3550 Wasser.

[21] IV. 0.6574 Substanz mit Salpetersäure oxydirt gaben 0,512 schwefelsauren Baryt und 0,052 Schwefel.

V. Derselbe Versuch mit 0,4525 g der Substanz wiederholt gab 0,700 schwefelsauren Baryt und 0,01 Schwefel.

Aus diesen Versuchen ergiebt sich folgende Zusammensetzung:

		berechnet	gefunden.		
			I.	II.	III.
Kohlenstoff	C_4	303,4	17,74	17,62	17,13	17,07
Wasserstoff	H_{12}	74,8	4,35	4,34	4,28	4,30
Arsenik	As_2	940,0	54,56	54,88	55.04	
Schwefel	S_2	402,4	23,35	23,21	23,55	
		1720,6	100,00	100,00	100,00.	

Aus diesen Analysen ergiebt sich. dass diese höhere Schwefelverbindung ein Atom Schwefel mehr enthält, als das Sulfür. Allein die gefundene Zusammensetzung gestattet noch eine andere Auslegung. Verdoppelt man die angenommenen Atomenzahlen, so erhält man die Elemente einer Verbindung, die aus Kakodylsulfür verbunden mit einem Supersulfid besteht, welches in seiner Zusammensetzung der Kakodylsäure entspricht, nämlich:

$$C_8 H_{24} As_4 S_4 = C_4 H_{12} As_2 S + C_4 H_{12} As_2 S_3. [29])$$

Dass diese letztere Ansicht die richtigere ist, ergiebt sich aus der Thatsache, dass das erste Glied der Formel durch andere basische Schwefelmetalle ersetzt werden kann. Die Schwefelsalze. welche aus dieser Substitution hervorgehen, müssen als kakodylsaure Salze betrachtet werden, in denen der Sauerstoff durch Schwefel ersetzt ist. Diese Stoffe entstehen nicht nur auf ganz ähnliche Weise, wie die unorganischen Schwefelsalze, sondern stimmen auch vollkommen mit diesen in ihrem Verhalten überein. Sie werden durch Einwirkung des Schwefelwasserstoffs auf kakodylsaure Salze, oder noch leichter durch Fällung des eben beschriebenen Sulfids mit Metalloxydlösungen erhalten. Das in diesen Salzen das elektronegative Glied bildende, nach [22] der Formel $C_4H_{12}As_2S_3$ zusammengesetzte Supersulfid scheint für sich in Auflösung nicht ohne Zersetzung bestehen zu können, sondern zerfällt mit Alkohol oder Aether behandelt in Schwefel und Kakodylsulfid. Es ist wahrscheinlich in der Flüssigkeit enthalten, welche man erhält, wenn man zwei Atome Schwefel in einem Atom Kakodylsulfür auflöst. Die Flüssigkeit gesteht dadurch bei dem Erkalten zu einer Masse krystallinischer Schüppchen, welche von der auf ähnliche Weise erhaltenen und aus Alkohol krystallisirten Verbindung $C_4H_{12}As_2S_2$ wesentlich durch ihre äussere Form abweichen. Löst man die drei Atome Schwefel enthaltende Masse in absolutem Alkohol in der Wärme auf, so scheidet sich weniger als 1 At. Schwefel ab, und man erhält bei dem Abkühlen neben freiem Schwefel und Kakodylsulfid einzelne Krystalle, die in ihrer Form von dem letzteren abweichen, und die neben den Elementen des Kakodyls mehr Schwefel enthalten, als diese letzteren. Es ist mir indessen nicht gelungen, sie völlig von dem zugleich mit ausgeschiedenen Stoffe zu trennen. Wenn übrigens dieses Supersulfür überhaupt für sich, ausserhalb seiner Verbindung, mit basischen Schwefelmetallen bestehen kann, so wird man es unstreitig am reinsten erhalten können, wenn man trocknes Schwefelwasserstoffgas über trockne Kakodylsäure leitet. Ich habe es indessen für überflüssig gehalten, meine Versuche nach dieser Richtung hin noch weiter auszudehnen, da die Existenz dieser der Kakodylsäure entsprechenden Schwefelverbindung mit völliger Sicherheit aus ihren Verbindungen gefolgert werden kann, und es für die Theorie ziemlich gleichgültig erscheint, ob dieselbe für sich besteht oder nicht. Fassen wir die Beziehungen des Kakodylradicals zu seinen verschiedenen Schwefelverbindungen zusammen, so ergiebt sich folgende ungewöhnliche Reihe:

1 $C_4H_{12}As_2$ Kakodyl.

2 $C_4H_{12}As_2 + S$ Kakodylsulfür.

[23] 3 $C_4H_{12}As_2 + S_2 = C_4H_{12}As_2S + C_4H_{12}As_2S_3$.

4 $C_4H_{12}As_2 + S_3$ Kakodylsupersulfid.

Die niedrigste dieser Verbindungen ist eine Sulfobasis, die zweite ein Sulfosalz, und die dritte eine Sulfosäure. Wir sehen daher hier, wie bei den unorganischen Elementen, den Charakter der Verbindung ebenfalls bedingt durch die Zahl der hinzutretenden elektronegativen Atome. Nicht minder beachtenswerth ist es, dass die ganze Reihe dieser Verbindungen durch directe Vereinigung des Schwefels mit dem Radical hervorgebracht werden kann, unter Verhältnissen, die wir bei den Verbrennungserscheinungen der unorganischen Elemente wieder finden. Wie wir das Radical durch directe Verbindung mit Schwefel in diese drei Verbindungen überführen können, eben so lässt sich der Schwefel davon Atom für Atom auch wieder abtrennen.

Wir bemerken dabei dieselben Erscheinungen, welche den multipeln Schwefelverbindungen der Metalle zukommen. Auch hier nimmt die Verwandtschaft des Schwefels zum Radical mit der Anzahl der hinzutretenden Schwefelatome ab. Das Supersulfid wird schon bei gewöhnlicher Temperatur zu Sulfür durch Quecksilber und andere Metalle reducirt, das Sulfür dagegen erst bei 200° C.

27. Gold-Sulfokakodylat.

Vermischt man alkoholische Lösungen von Goldchlorid und Kakodylsulfid, so entsteht ein brauner Niederschlag von Schwefelgold, der sich bei längerem Kochen mit der darüber stehenden Flüssigkeit in ein sandiges, leicht zu Boden sinkendes, weisses, etwas in's gelblich graue spielendes Pulver verwandelt, welches völlig homogen ist, und in dem sich keine Spur von Schwefelgold unter dem Mikroskope mehr erkennen lässt. Die Auflösung enthält eine nicht unbedeutende Menge von Kakodylsäure. Die auf diese Art erhaltene Verbindung mit absolutem Alkohol ausgewaschen und im luftleeren Raume bei gewöhnlicher Temperatur über Schwefelsäure getrocknet, zeigte folgende Zusammensetzung:

[24] I. 1,2570 mit Kupferoxyd unter Beobachtung der nöthigen Vorsichtsmaassregeln verbrannt, gab 0,3020 Kohlensäure und 0,1990 Wasser.

II. 0,6770 hinterliessen allmählich bis zum Glühen erhitzt 0,3638 arsenikfreies Gold.

III. 0,320 mit Salpetersäure oxydirt, lieferten 0,383 von

salpetersaurem Baryt befreiten schwefelsauren Baryt und 0,004 Schwefel.

Diese Versuche entsprechen der nachstehenden Zusammensetzung, bei welcher das Arsenik aus dem Verluste bestimmt ist:

			berechnet	gefunden.
Kohlenstoff	C_4	303,2	6,57	6,61
Wasserstoff	H_{12}	74,8	1,62	1,76
Arsenik	As_2	940,0	20,40	20,15
Schwefel	S_4	804,8	17,46	17,75
Gold	Au_2	2486,0	53,95	53,73
		4608,8	100,00	100,00.

Die gefundenen Atomenzahlen beweisen zunächst, dass die Verbindung $C_4 H_{12} As_2 + S_2$ nicht als eine selbständige Schwefelungsstufe, und namentlich nicht als eine Sulfosäure betrachtet werden kann. Denn nimmt man eine solche Verbindung in dem Salze an, so bleiben 2 At. Schwefel und 2 At. Gold übrig, welche keiner bekannten Schwefelungsstufe des Goldes entsprechen.

Das Salz lässt sich der relativen Zahl seiner Atome nach auf zweifache Weise betrachten. Man kann es als eine Verbindung von Kakodylsulfür mit Goldsulfid, nämlich $C_4 H_{12} As_2 S + Au_2 S_3$ oder als eine Verbindung von Kakodylsupersulfid mit Goldsulfür, d. h. als $Au_2 S + C_4 H_{12} As_2 S_3$ betrachten. Dass diese letztere Ansicht die richtige ist, ergiebt sich aus der weiter unten näher zu betrachtenden Zusammensetzung des Wismuth-Sulfokakodylats, welche beweist, dass die höhere Schwefelungsstufe des Kakodyls, welche der Kakodylsäure entspricht, in diesen [25] Salzen enthalten ist. Legt man die letztere Formel zum Grunde, so ergiebt sich die Bildung des Salzes sehr einfach.

$$\left. \begin{array}{l} Kd\,S + Kd\,S_3 \\ Au_2\,O_3 \end{array} \right\} \quad \begin{array}{l} Au_2\,S + Kd\,S_3 \\ Kd\,O_3. \end{array}$$

Seine Eigenschaften sind folgende: Es bildet ein gelblich weisses, äusserst zartes, geruch- und geschmackloses Pulver, das in Wasser, Alkohol, Aether und Salzsäure unlöslich ist. Mit rauchender Salpetersäure übergossen, entzündet es sich, und wird unter Ausscheidung von Gold und Schwefel theilweise oxydirt; durch Kalihydrat wird es zersetzt, indem sich Schwefelgold abscheidet. Bei dem Erhitzen färbt es sich dunkel.

giebt fast reines Kakodylsulfür aus, welches in ölartigen Tropfen abdestillirt, und hinterlässt endlich, unter Absatz von Schwefel, reines arsenikfreies Gold. Schwefelwasserstoff ist ohne Einwirkung darauf

28. Kupfer-Sulfokakodylat.

Dieses Salz entsteht bei dem Vermischen alkoholischer Lösungen von salpetersaurem Kupferoxyd und Kakodylsulfid ohne Anwendung von Wärme. Um die Bildung von Schwefelkupfer zu vermeiden, ist es nöthig, einen grossen Ueberschuss der Kakodylverbindung anzuwenden. Setzt man zu viel von der Kupferverbindung hinzu, so bildet sich nicht selten noch ein anderes in langen büschelförmigen Nadeln krystallisirendes Schwefelsalz, welches sich nach einiger Zeit von selbst unter Bildung von Schwefelkupfer zersetzt, und das ich seiner Unbeständigkeit wegen nicht näher habe untersuchen können. Der Niederschlag des erst erwähnten Kupfersalzes lässt sich leicht mit absolutem Alkohol auswaschen. Zur Analyse wurde eine bei verschiedenen Darstellungen erhaltene Substanz verwandt, die bei gewöhnlicher Temperatur im luftleeren Raume über Schwefelsäure getrocknet war.

I. 0,791 gaben 0.298 Kohlensäure und 0,1792 Wasser.

26] II. Bei einer zweiten Analyse wurden von 0,822 Substanz 0,3147 Kohlensäure und 0,1967 Wasser erhalten.

III. 0,5434 Substanz gaben, mit Salpetersäure oxydirt, 0,474 schwefelsauren Baryt und 0,0895 Schwefel.

IV. 0.366 geglüht, in Salpetersäure aufgelöst und mit Aetzkali gefällt, gaben 0,124 Kupferoxyd. Diese Versuche entsprechen folgender Zusammensetzung:

		berechnet		gefunden.	
				I.	II.
Kohlenstoff	C_1	303,42	10,4	10,4	10,5
Wasserstoff	H_{12}	74,88	2,5	2,5	2,7
Arsenik	As_2	940,08	31,9	31,5	
Kupfer	Cu_2	791,38	27,0	27,1	
Schwefel	S_1	804,66	28,2	28,5	
		2914,42	100,0	100,0.	

Das Salz ist daher eine Verbindung von Kakodylsupersulfid mit Kupfersulfür und entspricht der Formel $Cu_2S + C_4H_{12}As_2S_3$. Seine Bildung erklärt sich aus dem beistehenden Schema:

$$2\ KdS + KdS_3 \begin{cases} KdO_3 \\ KdO + N_2O_5 \\ 3N_2O_5 \\ 2(Cu_2S + KdS_3). \end{cases}$$
$$4(CuO + N_2O_5)$$

In ihrem Verhalten stimmt diese Verbindung im Allgemeinen mit dem Goldsalze überein. Sie bildet ein eigelbes, höchst zartes, lockeres Pulver, das sich nur sehr schwierig mit Wasser mischen lässt. Sie löst sich weder in Wasser, Alkohol und Aether, noch in Säuren und Alkalien auf, wird aber durch Aetzkali ähnlich wie das eben betrachtete Goldsalz zersetzt. Bei dem Erhitzen entweicht zuerst Kakodylsulfür, dann sublimirt Schwefel, und zuletzt bleibt Schwefelkupfer zurück. Auch dieses Salz wird durch Schwefelwasserstoff nicht verändert.

29. Wismuth-Sulfokakodylat.

Man erhält dasselbe ebenfalls durch Fällung einer concentrirten [27] alkoholischen Lösung von Kakodylsulfid mit einer sehr verdünnten alkoholischen Lösung von saurem salpetersaurem Wismuthoxyd. Beide Lösungen müssen bis zum Kochen erhitzt, und die letztere tropfenweis unter beständiger Bewegung in die erstere gegossen werden. Die Auflösung färbt sich dabei goldgelb und setzt nach einigen Augenblicken eine voluminöse Masse zarter wolliger Nadeln ab, die sich in kurzer Zeit von selbst in krystallinische Schüppchen verwandeln. Man giesst die darüber stehende gelbe Flüssigkeit nach dem Erkalten ab, und fällt dieselbe abermals unter denselben Vorsichtsmaassregeln, diese Operation so lange wiederholend, bis sich auf ferneren Zusatz der Wismuthlösung die ersten Spuren eines schwarzen Niederschlags von Schwefelwismuth zeigen. Das Salz bildet luftbeständige, geruchlose, goldgelbe, zarte Schüppchen, die in Wasser, Alkohol und Aether fast völlig unlöslich sind, und durch Schwefelwasserstoff nicht verändert werden. Sie lassen sich bis 100° ohne Veränderung erhitzen. Bei höheren Temperaturen zerfallen sie in Schwefel, Schwefelwismuth und Kakodylsulfür.

I. 0,518 g bei 100° getrocknet, gaben 0,1888 Kohlensäure und 0,1200 Wasser.

II. 0,3400 gaben 0,114 Wismuthoxyd.

Diese Resultate entsprechen folgender Zusammensetzung:

			berechnet	gefunden.
Kohlenstoff	C_4	303,2	10,07	10,02
Wasserstoff	H_{12}	74,8	2,49	2,56
Arsenik	As_2	940,0	31,23	»
Schwefel	S_4	804,8	26,74	»
Wismuth	Bi	886,9	29,46	30,13
		3009,7	100,00.	

Die daraus berechnete Formel ist: $BiS + C_4H_{12}As_2S_3$.

30. Blei-Sulfokakodylat.

Es wird wie die übrigen Verbindungen durch Vermischen alkoholischer Lösungen von Kakodylsulfid mit essigsaurem Bleioxyd [28] erhalten. Die Verbindung scheidet sich in kleinen weissen seidenglänzenden Schüppchen aus, die geruchlos und an der Luft beständig sind, sich im Wasser nicht, und in Alkohol kaum merklich auflösen. Sie stimmen in ihrem Verhalten mit der Wismuthverbindung überein und werden, wie diese, durch Schwefelwasserstoff nicht verändert.

0,8304 g gaben 0,2702 Kohlensäure und 0,1708 Wasser.

Die Zusammensetzung der Verbindung ist daher:

			berechnet	gefunden.
Kohlenstoff	C_4	303,2	8,87	8,95
Wasserstoff	H_{12}	74,8	2,19	2,28
Arsenik	As_2	940,0	27,51	
Schwefel	S_4	804,8	23,55	
Blei	Pb	1294,5	37,88	
		3417,3	100,00.	

Sie entspricht der Formel $PbS + C_4H_{12}As_2S_3$.

31. Antimon-Sulfokakodylat.

Vermischt man eine verdünnte alkoholische Lösung von Kakodylsulfid mit einer ebenfalls verdünnten alkoholischen Lösung

von Antimonchlorür, so entsteht ein gelblich weisser Niederschlag, der sich nach einiger Zeit gelb und endlich von ausgeschiedenem Schwefelantimon orange färbt. Versucht man denselben mit Alkohol auszuwaschen, so erfolgt dieselbe Zersetzung.
Wendet man dagegen concentrirte Lösungen bei einem Ueberschuss von Salzsäure an, so krystallisirt aus der Mischung ein
Schwefelsalz in hellgelben plattgedrückten kurzen Nadeln, das
sich mit Alkohol auswaschen lässt. Wenn dieser Körper keine
Chlorverbindung enthält, was ich indessen, da es mir nicht gelungen ist, ihn durch Auswaschen völlig von Chlor zu befreien,
für möglich halte, so dürfte er als eine neutrale Verbindung von
Schwefelantimon mit Kakodylsupersulfid betrachtet werden
müssen. 0,479 gaben nämlich bei der Verbrennung 0,207
Kohlensäure und 0,1295 Wasser, was mit der Formel $Sb_2 S_3$
$+ 3 C_4 H_{12} As_2 S_3$ übereinstimmt:

29		berechnet	gefunden.
Kohlenstoff C_{12}	917,22	11,48	11,88
Wasserstoff H_{36}	224,63	2,81	3,00
Arsenik As_6	2820,24	35,30	
Antimon Sb_2	1612,90	20,19	
Schwefel S_{12}	2214,02	30,22	
	7989,03	100,00.	

Eine weitere Bestätigung dieser Zusammensetzung ist mir
leider wegen Mangels an Material nicht möglich gewesen.

B. Halogenverbindungen.

32. Kakodylsuperchlorid.

Es gelingt nicht, die der Kakodylsäure entsprechende Chlorverbindung durch Destillation dieser Säure mit Kochsalz und
Schwefelsäure auf ähnliche Weise zu erhalten, wie die entsprechenden metallischen Superchloride dargestellt zu werden pflegen.
gen. Man gelangt auf diesem Wege zu keinem Resultate, weil
diese höhere Chlorverbindung nicht flüchtig ist, und weder der
Einwirkung der concentrirten Schwefelsäure, noch dem Einflusse
einer höheren Temperatur widersteht. Leitet man dagegen
einen Strom Chlorwasserstoffsäure über trockene Kakodylsäure,
so tritt eine heftige Reaction ein. Die Masse erhitzt sich

bedeutend und verwandelt sich in eine Flüssigkeit, aus der bei
dem Erkalten grosse glänzende Krystallblättchen anschiessen.
Es ist mir nicht gelungen, diese Flüssigkeit von den erwähnten
Krystallen vollständig genug zu trennen, um eine Elementaranalyse damit anstellen zu können, da beide in einander auflöslich sind, und ein gleiches Verhalten gegen Auflösungsmittel
besitzen. Demungeachtet stehe ich nicht an, diesen Stoff für
das der Kakodylsäure entsprechende Superchlorid zu halten.
Seine Eigenschaften lassen darüber kaum einen Zweifel. Es
bildet eine syrupsdicke wasserhelle, geruchlose Flüssigkeit, die
an der Luft schwach raucht, und dabei mit grosser Begierde
Feuchtigkeit anzieht. Die 30] wässrige Lösung enthält ausser
einer Spur von arseniger Säure, deren Bildung sich aus einer
weiter unten näher zu betrachtenden Zersetzung leicht erklärt,
auch Chlorwasserstoffsäure und Kakodylsäure. Mit metallischem
Zink oder irgend einem anderen wasserzersetzenden Metalle
behandelt, findet schon in der Kälte eine Reduction zu Kakodylchlorür statt, welches sich augenblicklich durch seinen unerträglichen Geruch zu erkennen giebt. Bei fortgesetzter Einwirkung in höherer Temperatur schreitet die Reduction bis zur
Abscheidung des Radicals fort. Einer noch höheren Temperatur
ausgesetzt, zerfällt die Verbindung ohne sich zu bräunen in ein
kakodylchlorürhaltiges flüchtiges Product, in arsenige Säure und
ein permanentes Gas, welches von Alkohol, aber nicht von Wasser
absorbirt wird. Entzünden lässt sich die Verbindung nur, wenn
man sie in die Flamme einer Weingeistlampe bringt. Da bei
dem Ueberleiten von trockner Chlorwasserstoffsäure über Kakodylsäure nur erst dann eine Abscheidung von Wasser bemerkbar wird, wenn die fertig gebildete Verbindung, wie ich weiter
unten zeigen werde, durch die fortgesetzte Einwirkung des Gases
eine weitere Zersetzung erleidet, so dürfte die Formel für diese
Substanz $C_4 H_{12} As_2 Cl_6 + 3 H_2 O$ sein. [30])

33. Basisches Kakodylsuperchlorid.

Dieser Körper bildet den festen Bestandtheil der Producte,
welche bei der Einwirkung der Chlorwasserstoffsäure auf Kakodylsäure entstehen. Um ihn frei von fremden Beimengungen
zu erhalten, löst man Kakodylsäure in höchst concentrirter
Chlorwasserstoffsäure auf, und dampft die Flüssigkeit, ohne sie
zu erwärmen, im luftleeren Raume über Kalk und Schwefelsäure
ab. Sobald dieselbe zu einer breiartigen Masse blättriger

Krystalle erstarrt ist, bringt man sie zwischen mehrere Lagen scharf getrocknetes und erwärmtes Druckpapier und presst sie in einer ebenfalls erwärmten Presse aus. Wiederholt man diese Operation, [31] indem man zwischendurch die Verbindung etwas Feuchtigkeit aus der Luft anziehen lässt, einigemal, und entwässert man die auf diese Art schon fast völlig von Feuchtigkeit befreiten Krystalle, wie anfangs über Schwefelsäure und Kalk, so sind sie hinlänglich rein, um zur Analyse benutzt werden zu können.

Die Verbindung bildet in diesem Zustande grosse durchsichtige, weisse Krystallblätter, deren Form undeutlich ausgebildet zu sein pflegt. Sie ist geruchlos und besitzt einen stark sauren Geschmack. Ihre Verwandtschaft zum Wasser ist sehr gross. Sie zerfliesst in kurzer Zeit an der Luft zu einer zähen Flüssigkeit. Bei einer Wärme, welche nicht weit unter der Temperatur des kochenden Wassers liegt, schmilzt sie zu einem farblosen Liquidum, das sich bei dieser Temperatur unter Entwicklung eines permanenten Gases und anderer Producte, ohne dabei eine dunkle Färbung anzunehmen, zersetzt. Diese Zersetzung beginnt selbst schon bei einer unter dem Schmelzpunkt liegenden Temperatur, und macht es unmöglich, den Schmelzpunkt genau zu bestimmen. Im Uebrigen verhält sich diese Verbindung dem neutralen Superchlorid analog.

I. 0,7965 gaben 0,4030 Kohlensäure und 0,3287 Wasser.
II. 0,311 gaben 0,156 Kohlensäure und 0,130 Wasser.
III. 0.689 lieferten, mit salpetersaurem Silberoxyd gefällt, 0,4968 Chlorsilber und 0,0484 bei der Verbrennung des Filters erhaltenes metallisches Silber.

		berechnet		gefunden.	
Kohlenstoff	C_{12}	910,25	13,88	13,91	13,79
Wasserstoff	H_{18}	299,51	4,57	4,58	4,64
Arsenik	As_6	2820,24	43,01	»	»
Sauerstoff	O_{12}	1200,00	18,30	»	»
Chlor	Cl_6	1327,95	20,24	20,12	»
		6557,95	100,00.		

Die Zusammensetzung sowohl, als das Verhalten der Substanz, welche durch Wasser in Kakodylsäure und Chlorwasserstoffsäure, [32] und durch Zink in Kakodyl, Chlorzink und Kakodylsäure zerlegt wird, sprechen dafür, dass sie als eine

Verbindung von zwei Atomen Kakodylsäure mit einem Atom Kakodylsuperchlorid betrachtet werden muss, entsprechend der Formel $2\,KdO_3 + KdCl_6 + 6\,H_2O$.

Die Verbindung erleidet bei dem schwachen Erhitzen eine sehr merkwürdige Zersetzung. Dampft man eine Lösung von Kakodylsäure in flüssiger Salzsäure so lange ab, bis die Masse eine syrupsdicke Beschaffenheit angenommen, so zerfällt sie bei fernerer schwacher Erhitzung in einen festen, flüssigen und gasförmigen Körper, von denen der erste als Rückstand hinterbleibt, der zweite mit Wasser und Salzsäure als eine ölartige Flüssigkeit übergeht, und der dritte als ein farbloses Gas über Wasser aufgefangen werden kann. Eine ähnliche Zersetzung erfolgt unter fortwährender Erhitzung, wenn man einen Strom trockner Salzsäure bei gewöhnlicher Temperatur über Kakodylsäure leitet, ohne die Masse künstlich abzukühlen. Bei 100°—109° C. geht diese Zersetzung noch rascher von statten. Um über die Natur derselben Aufschluss zu erhalten, wurde Kakodylsäure in rauchender Salzsäure gelöst, abgedampft und schwach erhitzt. Das dabei entweichende Gas wurde in zwei kleinen Vorlagen durch Wasser und Aetzkalilösung, und endlich durch eine mit Aetzkalistücken gefüllte Röhre geleitet. Bei diesem Versuche, welcher unterbrochen wurde, sobald das Superchlorid anfing sich dunkel zu färben, sammelten sich in der ersten das Wasser enthaltenden Vorlage ölartige Tropfen einer mit Wasser nicht mischbaren Flüssigkeit an. Der Rückstand enthielt ausser einer kleinen Menge unzersetzten Superchlorids und ausser einer Spur der oben erwähnten ölartigen Flüssigkeit nur reine arsenige Säure.

Das Gas, von dem man auf diese Art leicht aus 20—30 g Kakodylsäure 500 bis 600 Kubikcentimeter rein erhalten kann, zeigte folgende Eigenschaften. Es ist farblos und völlig geruchlos, bei —17° C. noch nicht flüssig. Es lässt sich über Wasser, 33] welches nur 2,6mal sein Volumen davon aufnimmt, auffangen. Von Alkohol wird es in grosser Menge und mit Leichtigkeit ohne Rückstand absorbirt. Aether löst es etwas schwieriger auf. Diese Lösungen werden durch alkoholische Metallsalzauflösungen nicht verändert. Ammoniak, Aetzkali, rauchende Schwefelsäure wirken weder auf das Gas, noch auf seine Lösung. Kalium darin erhitzt, brennt unter Ausscheidung von Kohle zu Chlorkalium. Mit Luft oder mit Sauerstoff gemengt, verbrennt das Gas mit grüngesäumter Flamme. Chlor wirkt im hellen Tageslichte nur wenig darauf; bei Annäherung eines brennenden Körpers entzündet sich das Gemenge und verbrennt mit rother Flamme. Das specifische Gewicht des Gases ergab sich aus dem nachstehenden Versuche zu 1,763.

Volumen des Gases bei 13,7° C. und 0,76 m — 367,4 ccm.

Gewicht des Ballons mit Gas gefüllt bei 6° C. — 0,76 m — 36,8256 g.

Gewicht des Ballons mit Luft gefüllt bei 6° C. — 0,76 m — 36,4912 g.

Ich habe es versucht, die Zusammensetzung desselben durch eine eudiometrische Analyse zu ermitteln, mich indessen bald überzeugt, dass der Wasserstoffgehalt bei brennbaren Gasarten, welche Chlor enthalten, auf diesem Wege nicht bestimmt werden kann. Es entsteht nämlich dadurch ein bedeutender Fehler, dass Chlorwasserstoffsäure bei höherer Temperatur durch Sauerstoffgas unter Bildung von Wasser und Ausscheidung von Chlor theilweise zersetzt wird.

Der nachstehende Versuch, bei welchem ein genau gemessenes Gemenge von trockner Chlorwasserstoffsäure mit Wasserstoff und einem Ueberschuss von Sauerstoff in einem Eudiometer verbrannt, und die gebildeten Verbrennungsproducte bei 135°C. gemessen wurden, beweist dies auf eine unzweifelhafte Art.

[34]	Beob. Vol.	Druck	Temp.	Corr. Vol.
Salzsäure	42,6	0,511 m	5,°5 C.	21,3
Nach Zulassung von H	81,2	0,550 m	4° C.	44,0
Nach Zulassung von O	120,4	0,591 m	4° C.	70,1
Nach der Explosion	132,0	0,612 m	13,5° C.	54,4

Diesen Zahlen zufolge beträgt das Volumen des Gases nach der Verbrennung nur 54,4, während es der Theorie zufolge 58,7 hätte betragen müssen. Dass dieser Unterschied auf einer Verbrennung des in der Salzsäure enthaltenen Wasserstoffs beruht, wird auch durch eine Ausscheidung von Chlor bestätigt, welche sich augenblicklich dadurch zu erkennen giebt, dass sich nach der Explosion die blanke Oberfläche des Quecksilbers mit einer matten dem Glase adhärirenden Schicht von Quecksilberchlorür überzieht.

Es ist mithin unmöglich, die Zusammensetzung des Gases auf eudiometrischem Wege allein zu bestimmen. Die eudiometrische Verbrennung bietet indessen hinlängliche Anhaltspunkte dar, um einen sicheren Schluss auf die Verdichtungsverhältnisse

der Bestandtheile zu machen. Bei der Ausführung dieser Versuche geschah die Absorption der Salzsäure durch eine kleine,
an einen Klavierdrath gegossene Kugel von krystallisirtem phos-
phorsaurem Natron, welches sich weit besser als Borax zur
Trennung der Salzsäure von der Kohlensäure eignet. Diese letztere wurde auf ähnliche Weise durch ein möglichst kleines befeuchtetes Aetzkaliklügelchen bestimmt.

	Beob. Vol.	Druck	Temp.	Corr.Vol.
Anfängliches Gasvolumen	42,2	0,493 m	12° C.	20,0
Nach Zulassung von O	126,1	0,578 m	14° C.	69,6
Nach d. Verbr. u. Absorpt.				
d. H_2Cl_2	89,1	0,540 m	13° C.	45,9
Sauerstoffrückst. nach Ab-				
sorpt. der CO_2	53,5	0,505 m	13° C.	25,9

20,0 Volumina des Gases gaben daher 20,0 Raumtheile Kohlensäure. Bei Wiederholung des Versuchs ergab sich eine
ebenfalls genügende Uebereinstimmung:

35	Beob. Vol.	Druck	Temp.	Corr.Vol.
Anfängliches Gasvolumen	47,0	0,498 m	8° C.	23,10
Nach Zulassung von O	126,0	0,579 m	8° C.	72,96
Nach d. Verbr. u. Absorpt.				
d. H_2Cl_2	79,9	0,540 m	8° C.	43,14
O Rückstand nach Absorpt.				
d. CO_2	39,0	0,49 m	8° C.	19,11

23,4 Vol. Gas lieferten daher auch hier 24,0 Vol. Kohlensäure.

Eine unbestimmte Menge des reinen getrockneten Gases
durch ein mit Kupfer und Kupferoxyd angefülltes Verbrennungsrohr geleitet. gab 0,4900 g Kohlensäure und 0,3017 Wasser.
Aus dem Gewichte dieser gefundenen Kohlensäure lässt sich
leicht das Gasvolumen berechnen, welches bei diesem Versuche
verbrannt wurde. Da das Gas bei der Verbrennung ein dem
seinigen gleiches Volumen Kohlensäure liefert. die erhaltenen
0,49 g Kohlensäure aber 247,9 ccm entsprechen, so müssen
ebenfalls 247,9 ccm Gas verbrannt sein. Diese wiegen aber
dem specifischen Gewichte zufolge 0,5664 g. Das Gas enthält
daher 24,11 % Kohlenstoff und 5,99 % Wasserstoff. Der Chlorgehalt wurde aus dem Inhalte des Verbrennungsrohrs bestimmt.
Er lässt sich mit annähernder Genauigkeit finden, wenn man

das chlorhaltige Kupferoxyd in einem Kolben mit verdünnter Salpetersäure übergiesst, und mehrere Tage im Dunkeln. ohne es zu erwärmen, sich selbst überlässt, die klare Flüssigkeit abgiesst und den Versuch so lange wiederholt, bis alles Kupferoxyd aufgelöst ist. Die auf diese Art erhaltene Lösung gab 1,55 Chlorsilber und 0,023 Silber, woraus sich die nachstehende Zusammensetzung ergiebt.

			berechnet	gefunden.
Kohlenstoff	C_2	151,6	24,01	23,78
Wasserstoff	H_6	37,4	5,92	5,92
Chlor	Cl_2	442,6	70,07	67,79
		631,6	100,00.	

Das oben gefundene specifische Gewicht 1,763 stimmt auf das Vollkommenste mit dieser Zusammensetzung überein:

[36]
2 Vol.	Kohlenstoffdampf	1,6728
6 »	Wasserstoff	0,4138
2 »	Chlor	4,8806

$$6,9662 : 4 = 1,7415.$$

Fasst man das Resultat dieser Versuche zusammen. so ergiebt sich die unzweifelhafte Thatsache, dass das bei dieser Zersetzung frei werdende Gas nichts anderes ist, als Methylchlorür.

Kakodylsaures Kakodylchlorid.

Die mit dem Methylchlorür übergehende ölartige, im Wasser unlösliche Flüssigkeit verhält sich dem Kakodylchlorür sehr ähnlich. Mit Quecksilberchloridlösung vermischt, giebt sie namentlich die früher beschriebene in seidenglänzenden Schüppchen krystallisirende Quecksilberverbindung. Sie unterscheidet sich aber vom Kakodylchlorür dadurch, dass bei der Bildung dieser Quecksilberverbindung keine Ausscheidung von Quecksilberchlorür stattfindet. Ausserdem besitzt sie eine höchst auffallende specifische Einwirkung auf die Geruchsnerven. Riecht man nämlich nur einige Secunden lang auf ein damit befeuchtetes Glasfädchen, so steigert sich der anfangs fast ganz unmerkliche Geruch nach einiger Zeit bis zu einer unglaublichen Stärke, und verursacht einen heftigen Katarrh, der sich durch anhaltendes Niesen. profuse Schleimabsonderung, Röthung der

Augen und Nase, und selbst den bei dieser Affection eigenthümlichen Ton der Sprache zu erkennen giebt. Riecht man an eine
etwas grössere Quantität, so geht der Geruch allmählich in ein
unerträgliches Gefühl über, das mit einem bohrenden Schmerz
im kleinen Gehirn verbunden ist. Es dürfte nicht leicht eine
Substanz geben, selbst das ätherische Senföl und Acrolein nicht
ausgenommen, welche eine so maasslose Einwirkung auf die
Schleimhäute ausübte, wie diese.

Um die Verbindung rein zu erhalten, wurden 20 g Kakodylsuperchlorid bei mässiger Wärme, bis eine bemerkbare Färbung der Masse eintrat, destillirt, das erhaltene ölartige Product
[37] über Aetzbaryt entwässert, und in einem hermetisch verschlossenen rechtwinklig gelegenen Röhrchen der Destillation
unterworfen.

I. 0,6046 mit chromsaurem Bleioxyd verbrannt, gab
0,3273 Kohlensäure und 0,2075 Wasser.

II. 0,769 mit Salpetersäure behandelt, gaben 0,7996 Chlorsilber und 0,013 mit der Filterasche erhaltenes metallisches
Silber.

III. 0,4089 ebenso behandelt lieferten 0,4208 Chlorsilber
und 0,9119 Silber.

IV. Die Arsenikbestimmung geschah auf folgende Weise:
0,1717 der Substanz wurden in Dampfgestalt durch ein langes
glühendes mit Glasstückchen gefülltes Verbrennungsrohr geleitet, wobei sich das Arsenik vollständig in Substanz und als
Chlorarsenik abschied. Das Metall wurde darauf mit Königswasser in Arseniksäure verwandelt, mit einer Eisenoxydlösung,
welche 0,2899 Eisenoxyd enthielt, versetzt, und durch Ammoniak gefällt. Das erhaltene arseniksaure Eisenoxyd betrug
0,1000.

Die Zusammensetzung der Verbindung ist daher:[31]

Kohlenstoff	C_{20}	11,90	»
Wasserstoff	H_{60}	3,81	»
Arsenik	As_{10}	45,65	»
Chlor	Cl_{12}	26,21	26,36
Sauerstoff u. Verlust		9,44	»
		100,01.	

Die Bestimmung des Sauerstoffgehaltes aus dem bei der Analyse gefundenen Verlust ist in diesem Falle nicht zulässig, da

die Flüssigkeit mit grosser Begierde Sauerstoff aus der Luft aufnimmt, und daher eine Verunreinigung mit diesem Stoffe niemals völlig vermieden werden kann. Es lässt sich aber aus den Reactionen, welche die Verbindung zeigt, und dem Umstande, dass sie die Elemente des Kakodyls enthält, der Schluss ziehen, dass der Sauerstoff in Verbindung mit Kakodyl als Kakodylsäure darin enthalten ist und dass die Zahl der Sauerstoffatome nicht über 6 betragen kann.

[38 Nimmt man daher eine Sauerstoffverunreinigung von 3,51 % darin an, so gelangt man zu der Formel $2 \cdot Kd O_3 + 3 Kd Cl_4$, aus der sich alle Reactionen, die der Stoff darbietet, einfach erklären lassen, und die, wie die beistehende Berechnung zeigt, mit den gefundenen Verhältnissen der übrigen Bestandtheile vollkommen übereinstimmt.

			berechnet	gefunden.
Kohlenstoff	C_{20}	1517,1	15,41	15,45
Wasserstoff	H_{60}	374,1	3,81	3,95
Arsenik	As_{10}	4700,1	47,72	47,34
Chlor	Cl_{12}	2655,9	26,97	27,16
Sauerstoff	O_6	900,0	6,09	6,12
		9847,8	100,00	100,00.

Nimmt man die aus diesen Zahlen abgeleitete Formel $2 Kd O_3 + 3 Kd Cl_4$ zum Grunde, so erklärt sich die Zersetzung, welche das Kakodylsuperchlorid bei höheren Temperaturen erleidet, auf das Einfachste. 2 At. des Superchlorids geben nämlich 2 At. Chlor an den Kohlenwasserstoff eines Kakodylsäure-Atoms ab, welches dadurch, indem das Arsenik mit dem Sauerstoff als arsenige Säure austritt, in Methylchlorür übergeht.

$$
\begin{array}{l|l}
2\ C_4 H_{12} As_2 Cl_6 & 2\ C_4 H_{12} As_2 Cl_4 \\
C_4 H_{12} As_2 O_3 & C_4 H_{12} Cl_4 \\
& As_2 O_3.
\end{array}
$$

Man sieht daher, dass die Bildung des Chlorids aus dem Superchlorid auf einer Reduction beruht, welche durch eine überwiegende Verwandtschaft des Methylradicals zum Chlor des Kakodylsuperchlorids bedingt wird. Es verdient dabei alle Beachtung, dass es auch hier nur das dritte Chloräquivalent ist, welches der Verbindung auf diese Art entzogen werden kann, und welches daher mit schwächerer Verwandtschaft an das Radical gebunden ist, als die beiden anderen. Es kann nach

dieser Betrachtung nicht mehr bezweifelt werden, dass auch das
Chlor in allen den Sauerstoffverbindungen entsprechenden Verhältnissen mit dem Kakodyl zusammentritt.

3 9 $C_4 H_{12} As_2$ Kakodyl.
    $C_4 H_{12} As_2 Cl_2$ Kakodylchlorür.
    $C_4 H_{12} As_2 Cl_4$ Kakodylchlorid (im kakodylsauren Kakodyl-
        chlorid .
    $C_4 H_{12} As_2 Cl_6$ Kakodylsuperchlorid ,im basischen Kakodyl-
        superchlorid).

Die beiden höchsten Glieder dieser Reihe sind zwar nur in
ihren Verbindungen mit Kakodylsäure und mit Metalloxyden
bekannt.   Allein sie zeigen darin ein Verhalten, welches jeden
Zweifel über ihre Existenz ausschliesst.   Sie bieten ganz dieselben Reductionserscheinungen dar, welche wir bei der analogen
Verbindung des Schwefels näher betrachtet haben.   Auch hier
lässt sich durch Einwirkung eines Wasser zersetzenden Metalles
auf das Superchlorid die ganze Reihe der übrigen Verbindungen
bis zu dem Radical herab erzeugen.

Wir haben oben den Beweis geführt, dass die Verbindung
$Kd S_2$ als ein nach der Formel $Kd S + Kd S_3$ zusammengesetz-
tes Schwefelsalz betrachtet werden muss.   Das Kakodylchlorid
würde eine ähnliche Ansicht zulassen, die indessen wenig Wahrscheinlichkeit für sich hat, weil sie für das kakodylsaure Kakodylchlorid auf die ungewöhnliche Formel $4 Kd O_3 + Kd Cl_2 +$
$3 Kd Cl_6$ führt.   Wenn indessen auch diese Formel vor der
oben angenommenen keinen Vorzug verdient, so erklärt sich
doch daraus auf das Einfachste die Bildung des Kakodylchlorürs
aus dem kakodylsauren Chlorid. und die mannigfaltigen Reactionen. welche das letztere mit dem ersteren gemein hat.

Das kakodylsaure Kakodylchlorid steht noch besonders zu
einer anderen Verbindung in naher Beziehung, welche ich im
ersten Abschnitte dieser Untersuchung unter dem Namen Quecksilberchlorid-Kakodyloxyd (10) beschrieben habe, und von der
ich es unentschieden liess, ob sie als eine Verbindung von Kakodyloxyd mit Quecksilberchlorid oder als ein Oxydchlorür vom
Kakodylchlorid mit Quecksilberoxydul betrachtet werden müsse.

40 Ich habe an dem angeführten Ort der ersteren Ansicht den
Vorzug gegeben, weil sie die Zersetzung des Stoffes am einfachsten erklärte, und die hypothetische Annahme einer damals
noch unbekannten Chlorstufe des Kakodyls entbehrlich machte.
Da indessen nach den Ergebnissen der vorliegenden Arbeit die

Existenz dieses Kakodylchlorids nicht mehr in Zweifel gezogen werden kann, und die sämmtlichen Reactionen in der ersteren Ansicht ebenfalls ihre Erklärung finden, so stehe ich nicht mehr an, die Formel $Hg_2O + KdCl_4$ als die wahrscheinlichere zu betrachten, da sie die Bildung und das Bestehen dieser Verbindung besser erklärt, als die früher angenommene. [32])

34. Quecksilberoxyd-Kakodylsuperchlorid.

Bei dem Vermischen alkoholischer Lösungen von Kakodylsäure und Quecksilberchlorid bilden sich perlmutterglänzende Schüppchen, welche sich unter der Flüssigkeit nach einiger Zeit oder bei dem Umkrystallisiren aus Alkohol in feine weisse Nadeln verwandeln. Diese Krystalle sind geruchlos, und im Wasser fast in allen Verhältnissen löslich. Bei dem Erhitzen schmelzen sie zu einer wasserhellen Flüssigkeit, welche bei höheren Temperaturen unter Ausgabe von arsenikalisch riechenden Producten in Chlorwasserstoffsäure und Chlorquecksilber zersetzt werden. Sie lassen sich mit chromsaurem Bleioxyd analysiren, wenn man eine hinlänglich hohe Temperatur anwendet, wobei das Chlorquecksilber völlig zersetzt wird. Lässt man den vorderen Theil des Verbrennungsrohrs etwas weiter aus dem Ofen hervorragen, so setzt sich das Quecksilber vollständig darin ab, ohne dass auch nur eine Spur davon in das Chlorcalciumrohr gelangt. Man kann das Quecksilber auf diese Art mit grösserer Schärfe, als es durch irgend eine andere Methode möglich ist, bestimmen, wenn man die etwas aus dem Ofen hervorgezogene Röhre, nachdem die Verbrennung beendigt und Luft durch den Apparat gesogen ist, mit einem Wassertropfen absprengt, das [41] abgesprengte Stückchen zuerst mit dem Quecksilber und dann leer wiegt. Auf diese Weise wurden folgende Resultate erhalten:

I. 0,4970 der bei $100°$ getrockneten Verbindung gaben 0,1064 Kohlensäure und 0,0780 Wasser und 0,239 Quecksilber.

II. 0,5018 derselben Substanz lieferten 0,1723 Kohlensäure und 0,1320 Wasser.

III. 0,588 mit einem Gemenge von Kalkerde und chlorsaurem Kali geglüht gaben 0.2802 Quecksilber.

IV. 0,7000 in Wasser gelöst, mit Silbersolution gefällt und mit einem sehr grossen Ueberschuss von Salpetersäure gekocht, gab 0,5305 Chlorsilber und 0,0242 metallisches Silber.

		berechnet		gefunden	
				I.	II
Kohlenstoff C_4		302,2	5,78	5.88	5,8
Wasserstoff H_{14}		87,4	1,66	1.74	1.83
Arsenik As_2		940,0	17,84		
Sauerstoff O_3		300,0	5.69		
Quecksilber Hg_2		2531.6	48,03	48,08	47,6
Chlor Cl_6		1106,5	21.00	20.51	
		5268.7	100,00.		

Die wahrscheinlichste dieser Zusammensetzung entsprechende
Formel ist :

$$Hg_2 O_2 + Kd\,Cl_6 + H_2O.^{337}$$

35. Basisches Kakodylsuperbromid.

Die neutrale, der Kakodylsäure entsprechende Bromverbindung scheint nicht für sich bestehen zu können. Leitet man
trockene gasförmige Bromwasserstoffsäure über die sorgfältig
von Wasser befreite Kakodylsäure, so bildet sich unter Ausscheidung von Wasser und Brom das dem Oxyde entsprechende
Bromid. Das basische Superbromid dagegen kann auf dieselbe
Weise erhalten werden, wie die analoge Chlorverbindung Nur
42 ist es schwieriger rein darzustellen, da es nicht krystallisirt und bei dem Erwärmen noch leichter zersetzt wird als das
Superchlorid.

Die Substanz wird am leichtesten durch Auflösen von Kakodylsäure in concentrirter Bromwasserstoffsäure dargestellt.
Eine Bromwasserstoffsäure, welche man durch Behandeln von
Brom mit Schwefelwasserstoff erhält, kann wegen der darin
enthaltenen Schwefelsäure nicht unmittelbar zu dieser Darstellung benutzt werden. Um diese Verunreinigung zuvor daraus
zu entfernen, setzt man so lange Barytwasser hinzu, als noch
ein Niederschlag entsteht, und destillirt so viel von der Flüssigkeit ab, bis das übergehende Wasser anfängt, deutlich sauer zu
reagiren, und der Rückstand von ausgeschiedenem Brom sich
gelblich färbt. Dieser Rückstand mit phosphatischer Säure
destillirt, liefert eine farblose Säure, welche eine hinlängliche
Concentration besitzt, um zur Darstellung der in Rede stehenden
Bromverbindung verwandt zu werden. Löst man nur so viel
Kakodylsäure darin auf, dass die Flüssigkeit noch eine stark

saure Reaction zeigt, und dampft man die Masse bei $0°$ im luftleeren Raume über Schwefelsäure und Kalkerde ab, so erhält man die Verbindung zwar nicht völlig rein, aber doch von hinlänglich constanter Zusammensetzung, um sie der Analyse unterwerfen zu können.

Das auf diese Art bereitete Kakodylsuperbromid bildet eine farblose, zähe, syrupsdicke, geruchlose Flüssigkeit. Diese Flüssigkeit ist vollkommen neutral, nimmt aber bei dem Verdünnen mit Wasser, worin sie in allen Verhältnissen löslich ist, eine stark saure Reaction an, indem sie in Kakodylsäure und Bromwasserstoffsäure zerfällt. Dieselbe Zersetzung erleidet sie ebenfalls an der Luft, indem sie begierig Feuchtigkeit anzieht. In Alkohol ist sie ebenfalls in allen Verhältnissen löslich. Mit metallischem Zink behandelt, wird sie wie die entsprechende Chlorverbindung zu Kakodylbromür reducirt, und erleidet, wie diese, 43 bei höherer Temperatur eine Zersetzung in arsenige Säure, Brommethyl und kakodylsaures Kakodylbromid, auf die ich sogleich zurückkommen werde.

Die Verbindung lässt sich nur mit chromsaurem Bleioxyd, und selbst durch dieses nur schwierig vollständig verbrennen. Um eine Ausscheidung von Brom bei der Analyse zu vermeiden, reicht es hin, den vordern Theil des Verbrennungsrohrs mit Kupferspähnen anzufüllen, wodurch dieser Stoff völlig zurückgehalten wird.

I. 0,5871 Substanz gab 0,2515 Kohlensäure und 0,2293 Wasser.

II. 0,5430 lieferten 0,2325 Kohlensäure und 0,218 Wasser.

III. Aus 1.000 wurde 0,582 Bromsilber und 0,0276 bei der Verbrennung des Filters reducirtes Silber erhalten.

		berechnet		gefunden.	
				I.	II.
Kohlenstoff C_{16}		1213,6	11,72	11,78	11,77
Wasserstoff H_{72}		449,2	4,33	4,33	4,11
Arsenik	As_8	3760,0	36,30	»	
Brom	Br_6	2934,9	28,33	26,14	
Sauerstoff	O_{24}	2000,0	19,32	»	
		10357,7.			

Aus diesen Zahlen und den Verhältnissen, unter denen die Verbindung entsteht, ergiebt sich die Formel $KdBr_6 + 3KdO_3$

$+ 12 \, H_2 O$. Da bei der Einwirkung der Bromwasserstoffsäure
auf Kakodylsäure keine besonderen Zersetzungsproducte entstehen, so kann die Verbindung ausser Kakodylsäure. Kakodylsuperbromid. Wasser und Bromwasserstoffsäure keine Stoffe
weiter enthalten. Dass aber die letztere nicht unter ihren Elementen enthalten ist, ergiebt sich aus der völligen Abwesenheit
einer sauren Reaction, die erst dann hervortritt, wenn man die
Flüssigkeit mit Wasser verdünnt. Aus dieser Reaction erklärt
sich zugleich der ziemlich bedeutende Verlust an Brom, [44]
welchen die Analyse ausweist. Das Superbromür wird nämlich
durch Wasser in Kakodylsäure und Bromwasserstoffsäure zersetzt, die während des Abdampfens im luftleeren Raume ver-
dunstet, und eine entsprechende Menge Kakodylsäure zurücklässt — eine Reaction, die bei den meisten sauren Chloriden der
Metalle auf ähnliche Weise stattfindet.

Das basische Kakodylsuperbromid lässt sich mit dem Alga-
rothpulver vergleichen. dem es seinem Verhalten. seiner Zusammensetzung und seiner Entstehung nach vollkommen entspricht,
wie sich aus den beistehenden Formeln ergiebt.

$$Kd \, Br_6 + 3 \, Kd O_3 + 12 \, H_2 O.$$
$$Sb_2 Cl_6 + 3 \, Sb_2 O_3 + 9 \, H_2 O.$$

Der Stoff erleidet bei dem schwachen Erhitzen dieselbe Zersetzung, wie die oben betrachtete Chlorverbindung, indem er in
gasförmiges Methylbromür, zurückbleibende arsenige Säure, kakodylsaures Kakodylbromid und Wasser zerfällt.

$$2 \, C_4 H_{12} As_2 Br_6 \brace C_4 H_{12} As_2 O_3 \left\{ \begin{array}{l} 2 \, C_4 H_{12} As_2 Br_4 \\ C_4 H_{12} Br_4 \\ As_2 O_3. \end{array} \right.$$

Das Methylbromürgas. welches auf dieselbe Art, wie die
entsprechende Chlorverbindung erhalten wird, zeigt folgende
Eigenschaften :

Es bildet ein farbloses Gas, das einen schwach ätherartigen
Geruch besitzt, von dem ich es unentschieden lassen muss, ob
er dem Gase eigenthümlich ist, oder von der sich zersetzenden
Mischung herrührt, aus welcher dasselbe erhalten wird. Vom
Wasser und ebenso vom Aether wird das Gas kaum etwas absorbirt. Alkohol dagegen löst es noch leichter als das entsprechende Chlorür auf. Schon einige Grade unter 17° C. verwandelt es sich in ein dünnflüssiges. ätherartiges, durchsichtiges

Liquidum. Mit Luft vermengt, brennt es über der Flamme einer
Spiritnslampe mit gelblicher Flamme. Mit Sauerstoff explodirt
es heftig mit blauer Flamme unter Bildung von Kohlensäure,
[45 Bromwasserstoff. Wasser und freiem Brom, von dem das
zurückbleibende Gas braunroth gefärbt ist. In seinen übrigen
Eigenschaften stimmt es mit dem Chlormethyl überein.

Bei der eudiometrischen Prüfung ergab sich, dass ein Volumen des Gases bei der Verbrennung mit Sauerstoff ein gleiches
Volumen Kohlensäure erzeugt, nämlich:

	Vol.	Druck	Temp.
Anverwandtes Volumen	55,2 bei	0,5081 m und	12,5° C.
Nach der Explosion mit O	52,2 »	0,5376 m »	12,5° C.
Nach Absorption der CO_2	31,0 »	0,4814 m »	11,2° C.

26,8 Volumina Gas geben daher bei 0° C. und 1 m Druck
27,9 Vol. Kohlensäure. woraus zugleich folgt, dass in einem
Vol. des Gases $\frac{1}{2}$ Vol. Kohlenstoffdampf enthalten ist. Mit diesem Verdichtungsverhältniss stimmt das aus nachstehenden Daten berechnete spec. Gew. vollkommen überein :

Vol. des Gases im Ballon bei 16,8° C. und 0,7221 m Druck
= 42,19 ccm.

Gewicht des Ballons mit Luft gefüllt bei 6.2° C. und 0,7421 m
= 7,8397 g.

Gewicht des Ballons mit Gas gefüllt bei 6,2° C. und 0,7421 m
= 7,9465 g.

Führt man die Rechnung aus, so ergiebt sich die Zahl 3,155,
welche der auf theoretischem Wege gefundenen Zahl sehr nahe
kommt, nämlich:

2 Vol. Kohlenstoffdampf	1,6836	
6 » Wasserstoff	0.4128	
2 » Bromdampf	10.7867	
	12.8831	= 3,221.
	4	

36. Basisches Kakodylsuperfluorid.

Kakodylsäure löst sich leicht und vollständig in concentrirter
Fluorwasserstoffsäure unter starker Erhitzung auf. Bei dem
Abdampfen im Wasserbade entweicht die überschüssige [46

Fluorwasserstoffsäure und hinterlässt eine Flüssigkeit, welche
bei dem Erkalten zu sehr schön ausgebildeten prismatischen
Krystallen gesteht, die durch Pressen zwischen Löschpapier und
Trocknen im luftleeren Raume über Schwefelsäure und Kalk rein
erhalten werden können.

Die so dargestellte Verbindung bildet lange, vollkommen
durchsichtige, prismatische Krystalle, oder bei schnellem Abdampfen eine biegsame krystallinische fasrige Masse. Die Krystalle sind geruchlos, im Wasser und Alkohol leicht löslich, zerfliessen an der Luft zu einer stark sauer reagirenden Flüssigkeit.
Sie greifen das Glas bedeutend an und lassen sich nur in Platingefässen aufbewahren. Bei dem Erhitzen schmelzen sie, geben
zuerst Dämpfe von Fluorwasserstoffsäure und dann alkarsinartig
riechende Producte aus und verbrennen zuletzt mit fahler Arsenikflamme unter Zurücklassung einer leicht verbrennlichen
Kohle. Die gasförmigen Producte, welche bei dieser Zersetzung
frei werden, scheinen kein Methylfluorür zu enthalten.

I. 0,3855 gab 0,2150 Kohlensäure und 0,154 Wasser.

II. 0,650 der Substanz mit chromsaurem Bleioxyd verbrannt, gaben 0,2585 Wasser.

III. Zur Bestimmung des Fluorgehalts wurden 0,4677 der
Substanz in einem Platingefäss aufgelöst, mit essigsaurem Blei-
oxyd gefällt und der Niederschlag mit Spiritus ausgewaschen.
Das erhaltene Fluorblei wog 0,715.

Diese Versuche entsprechen folgender Zusammensetzung:

			gefunden.	
Kohlenstoff C_{12}	910,2	15,18	15,33	»
Wasserstoff H_{12}	262,1	4,37	4,43	4,41
Arsenik As_6	2820,0	47,05	»	
Fluor Fl_6	1402,8	23,40	23,38	
Sauerstoff O_6	600,0	10,00		
	5995,1	100,00.		

[47] Daraus ergiebt sich die Formel:

$$2\,KdFl_6 + KdO_3 + 3\,H_2O.$$

Ich beschliesse diese langwierige Untersuchung mit einer
übersichtlichen Zusammenstellung derjenigen Stoffe, welche als
Verbindungen des unzersetzten Radicals betrachtet werden müssen, indem ich die nicht fern liegenden Folgerungen, welche

sich für die allgemeine **Theorie** der organischen Zusammensetzung daraus ableiten lassen, um so mehr hier übergehen zu
können glaube, als ich darüber im Verlaufe der Untersuchung
selbst wiederholte Andeutungen gegeben habe, die eine weitere
Ausführung entbehrlich machen.

I. Das Radical.

$C_4H_{12}As_2 = Kd.$

II. Sauerstoffverbindungen.

$KdO.$

$KdO + xSO_3.$

$KdO + xN_2O_5.$

$AgO + 3KdO \cdot N_2O_5.$

$H_2O + KdO_3.$

$KdO + KdO_3 = KdO_2.$

$AgO + KdO_3.$

$AgO + 3KdO_3 + 2H_2O.$

$(AgO + KdO_3) + AgO + N_2O_5.$

$2 CuO + 2KdO_3) + 7CuCl_2.$

III. Schwefelverbindungen.

$KdS.$

$KdS + 3CuS^*).$

$KdS_3.$

$KdS + KdS_3 = KdS_2.$

$Au_2S + KdS_3.$

$Cu_2S + KdS_3.$

$BiS + KdS_3.$

$PbS + KdS_3.$

$Sb_2S_3 + 3KdS_3.$

IV. Tellurverbindung.

$KdTe.$

V. Selenverbindung.[31]

$KdSe.$

VI. Chlorverbindungen.

$KdCl_2.$

$KdCl_2 + CuCl_2.$

$KdO + 3KdCl_2.$

$KdCl_6.$

$2KdO_3 + KdCl_6 + 6H_2O.$

$2HgO + KdCl_6 + H_2O.$

$2KdO_3 + 3KdCl_4.$

$Hg_2O + KdCl_4.$

VII. Bromverbindungen.

$KdBr_2.$

$Hg_2O + KdBr_4.$

$KdBr_6 + 3KdO_3 + 12H_2O.$

VIII. Fluorverbindungen.

$KdFl_2.$

$2KdFl_6 + KdO_3 + 3H_2O.$

IX. Jodverbindungen.

$KdJ_2.$

$KdO + 3KdJ_2.$

X. Cyanverbindung.

$KdCy_2.$

---

*) Diese **Verbindung**, welche ich in der Abhandlung aufzuführen
vergessen habe, wird durch **Vermischen** alkoholischer Lösungen von
Kakodylsulfür mit salpetersaurem Kupferoxyd erhalten. Sie krystallisirt in **ausgezeichnet schönen, luftbeständigen,** demantglänzenden,
regulären Octaëdern.

Anmerkungen.

Robert Bunsen's in den Jahren 1837 — 43 ausgeführte Untersuchungen über die Kakodylreihe werden schon seit lange als klassisch bezeichnet und verdienen dieses Lob namentlich als Muster einer Experimentaluntersuchung, welches zeigt, wie auch die schwierigsten Aufgaben der chemischen Experimentirkunst durch die Hand eines Meisters gelöst werden können.

In theoretischer Beziehung bezeichnet die Kakodylarbeit den Höhepunkt der Radicaltheorie. Die Entdeckung eines zusammengesetzten organischen Metalles, welches sich an der Luft entzündet und dem Kalium und Natrium ähnliche Verwandtschaften zeigt, verwischte bei den Anhängern der Radicaltheorie auch den letzten Zweifel an *Berzelius'* Lehre, dass die organische Welt ein Abbild der unorganischen sei und sich nur durch die Zusammengesetztheit der Theile unterscheide, welche in der todten Natur als Elementaratome erscheinen. *Berzelius* begrüsste daher auch in seinem Jahresbericht*) *Bunsen's* Arbeiten in freudigster Weise:

»Schwerlich giebt es einen handgreiflicheren Beweis für die Richtigkeit der Ansichten, zufolge welcher die organischen Zusammensetzungsarten als Verbindungen zusammengesetzter Radicale mit einfachen elektronegativen Körpern betrachtet werden, denn ein so durch alle Einzelheiten durchführbares Beispiel von einem zusammengesetzten Radical haben wir bis jetzt noch nicht gehabt, wenn nicht das Cyan, welches jedoch, in seiner Eigenschaft als zusammengesetzter Salzbilder (Halogen) eine andere Art von organischen Radicalen darstellt.«

Berzelius wendet sich darauf gegen *Liebig*, welcher gewagt hatte, mit trefflichen schon öfters citirten Worten vor einer zu weit gehenden Anwendung der aus der unorganischen Natur

---

*) Jahrgang 20, S. 537.

geschöpften Ideen auf die organische zu warnen‥, und sagt unter anderm: »Wir müssen consequent zu Wege gehen, uns in der Forschung auf bekannte Naturgesetze und auf ausgemittelte Verhältnisse stützen, niemals nach ganz neuen Principien oder Erklärungsweisen haschen; sie führen uns zu solchen, wie die Substitutionstheorie mit ihren chemischen Typen und mit der relativen Stelle der Elemente als Bedingung ihrer chemischen Rolle u. s. w., zu Ideen, die keine gründliche Prüfung bestehen.« *Bunsen* pflichtet *Berzelius* im wesentlichen bei. Er sagt zu Anfang der dritten Abhandlung über die Kakodylreihe **): »Die Kakodylverbindungen böten Erscheinungen dar, welche uns die Ueberzeugung gewähren müssen, dass sich weder die Verwandtschaft selbst, noch die Verhältnisse, unter denen sie in Wirksamkeit tritt, bei den Verbindungen der lebenden und todten Natur verschieden darstellen. Das Unternehmen, die Natur der Kräfte, welche die Atome in den Radicalen zusammenhalten, zu erforschen sei verfrüht, weil die Aeusserung dieser Kräfte der Beobachtung fast vollständig unzugänglich geblieben ...... Wenn wir daher einen Unterschied in der Verbindungsweise der organischen und unorganischen Atome statuiren wollen, so haben wir ihn nur in dem Wesen der organischen Radicale selbst, und namentlich in dem Umstande zu suchen, dass die einzelnen sie constituirenden Elemente, durch eine gleichsam potenzirte Verwandtschaft mit einander verschmolzen, mehr oder weniger aufhören, an und für sich einen Angriffspunkt für die Verwandtschaft zu bilden.«

Es ergiebt sich hieraus, dass *Bunsen* eine Mittelstellung zwischen *Liebig* und *Berzelius* einnahm. Während dieser »jedes Haschen nach neuen Principien« verwarf, bezeichnet *Bunsen* die Untersuchung der Natur der Radicale nur als nicht opportun, und begnügte sich damit, beim Kakodyl die Identität der Kräfte in der unorganischen und organischen Natur nachgewiesen zu haben, ohne zu leugnen, dass es etwas anderes für uns Erkennbares — wenn auch schwierig zu Untersuchendes — giebt.

Wenn wir heute nach 50 Jahren auf diesen Widerstreit der Meinungen zurückblicken, so ergiebt sich, dass der damalige Kampf sich eigentlich nur um die Lehre der Festigkeit der Atombindung drehte. Für *Berzelius* lag das Wesen der

---

*) *Lieb.* Ann. XXXII, S. 72.
**) S. 97 und S. 98.

unorganischen Natur in den Erscheinungen, welche die Säuren,
Basen und Salze darbieten. Der Dualismus war nur ein Hülfs-
mittel, um diese Erscheinungen auf ein allgemeines Princip
zurückzuführen. Es wird dies ganz deutlich, wenn man bedenkt,
dass die Arbeiten über die Cyan-, Benzoyl- und Kakodylgruppe
als die eigentlichen Grundpfeiler der Radicaltheorie betrachtet
wurden, durch die ein vollständiger Nachweis von der Identität
der Kräfte in der organischen und unorganischen Natur gelie-
fert sein sollte. Nun entsprechen diese Grundpfeiler grade denjenigen Gruppen:

Cyan — Halogen

Benzoyl — Säuregruppe

Kakodyl — Metall

welche in der unorganischen Chemie Säuren, Basen und Salze
— also Elektrolyte — bilden. Das was *Berzelius* und *Bunsen* von
sich wiesen, war also nichts anderes als das Studium der Festig-
keitsverhältnisse in Körpern, die nicht Elektrolyte sind, und
namentlich in den stabilsten Verbindungen, den Kohlenwasser-
stoffen. Der Fortschritt der neueren Chemie gegenüber der
Lehre von *Berzelius* erscheint demnach weniger durch den
Uebergang vom Dualismus zur Lehre von der Valenz und Atom-
verkettung als durch eine allmähliche Erweiterung des Begrif-
fes »Festigkeit der Bindung« gekennzeichnet zu sein.

Bunsen hat keine Versuche angestellt, die Natur des Kakodyls selbst zu erforschen. Dasselbe wurde von *Cahours* und
Riche im Jahre 1853 auf synthetischem Wege dargestellt und
als Arsendimethyl erkannt, nachdem *Frankland* [*] dies in seinen
Untersuchungen über metallorganische Verbindungen als höchst
wahrscheinlich hingestellt hatte.

Vom Standpunkte der heutigen Theorie lassen sich die
Hauptergebnisse der Arbeiten *Bunsen's* folgendermaassen zu-
sammenfassen:

Im Molekül des Arsenmetalls sind nach der Dampfdichte zu
schliessen vier Atome mit einander verbunden, welche durch
gemässigte Oxydation unter Bildung des Arsentrioxyds von einander gelöst werden. Das Arsentrioxyd bildet sich spontan
aus dem Hydrat und ist zugleich eine schwache Säure und ganz
schwache Base.

Im Kakodyl sind zwei Methylgruppen mit einem Arsenatom

<hr>

[*] *Lieb.* Ann. 71, S. 215.

verbunden. In Folge dessen vereinigen sich 2 Moleküle Kakodyl mit einer Valenz des Arsenatoms zum freien Kakodyl:

$$As(CH_3)_2$$

$$As\,CH_3{}'_2\cdot{}^l$$

Bei langsamer Oxydation werden die Affinitäten des Arsens
wie beim Arsenmetall von einander getrennt, an ihre Stelle tritt
eine Sauerstoffvalenz. Das entsprechende Hydrat $As\,(CH_3)_2\,OH$
scheint nicht zu existiren, sondern geht wie die arsenige Säure
spontan in Kakodyloxyd $As(CH_3)_2\,O\,As(CH_3)_2$ über. Das Kakodyloxyd verhält sich wegen der positivmachenden Wirkung
der Methylgruppen wie eine mässig starke Base, es liefert mit
Salzsäure sofort Kakodylchlorid:

$$As(CH_3)_2\,O\,As(CH_3)_2 + 2\,HCl = 2\,As\,(CH_3)_2Cl + H_2O$$

welches umgekehrt von Kalilauge wieder in Kakodyloxyd und
Salzsäure gespalten wird. Oxydirt man das Kakodyloxyd wei-
ter, so entsteht die der Arsensäure entsprechende einbasische
Kakodylsäure

$$As \begin{cases} CH_3 \\ CH_3 \\ O \\ OH \end{cases}$$

welche eine wohlcharakterisirte Säure, zugleich aber auch eine
schwache Base ist, indem sie von Salzsäure in ein Oxychlorid
$As(CH_3)_2(OH)_2Cl$ verwandelt wird.

Die Kakodylarbeit *Bunsen's* besteht aus 2 Abhandlungen.
Die erste »über eine Reihe organischer Verbindungen, welche
Arsenik als Bestandtheil enthalten«[*] ist nur eine vorläufige
Mittheilung. In dieser beschreibt *Bunsen Cadet's* Flüssigkeit
als Alkarsin und legt ihr die Zusammensetzung $As(CH_3)_2$ neu)
bei. Der Kakodylsäure »Alkargen« genannt schreibt er die Formel $As(CH_3)_2\,O_{2.5}\,H$ (neu zu. Die zweite Hauptabhandlung

---

[*] *Pogg.* Ann. Bd. *40,* S. 219—233. 1837 und *42,* 145—158
1837.

betitelt: »Untersuchungen über die Kakodylreihe« *) zerfällt in drei Abschnitte. Im ersten sucht er nachzuweisen, dass *Cadet*'s Flüssigkeit nicht Kakodyl sondern Kakodyloxyd sei, und beschreibt eine Reihe von Derivaten des einwerthigen Kakodyls. Im zweiten ist das freie Kakodyl, im dritten die Kakodylsäure beschrieben.

1) *Zu S. 9.* Später fand *Bunsen* doch Sauerstoff darin, vergl Anm. S.

2) *Zu S. 11.* Da die Analyse des Alkarsins später S. 34 wiederholt worden ist, sei in Bezug auf die Berechnung auf Anm. S verwiesen. Die den Formeln zu Grunde liegenden Atomgewichte sind die 1826 von *Berzelius* aufgestellten:

	neu	alt	
	$\frac{1}{2}O$	O	100
	$\frac{1}{2}H$	H	6,24
	$\frac{1}{2}C$	C	76,1
	$\frac{1}{2}As$	As	470.

Die Formel*Bunsen*'s C_2H_6As entspricht daher der neuen $CH_3As_{0,5}$.

3) *Zu S. 13.* Die Dampfdichte 6,516 (O = 1) ist für (O = 32) 208,5. Das Molekulargewicht ist demnach von *Bunsen* = 208,5 gefunden, während es sich für freies Kakodyl auf 210 und für Kakodyloxyd auf 226 berechnet. Die Dampfdichte des Mercaptans fand *Bunsen* 2,11 (O = 1), woraus sich das Molekulargewicht 67,5 berechnet, während die Theorie 62 verlangt. Hieraus ergiebt sich, dass die in gleichen Volumen Dampf enthaltenen Mengen von Alkarsin und Mercaptan nach *Berzelius*' Formeln in dem Verhältniss $C_4H_{12}As_2$ und C_2H_6S stehen, was *Bunsen* in der Tabelle S. 14 durch Anwendung durchstrichener Buchstaben, welche Atompaare bedeuten, zur Anschauung bringt, während er in der folgenden Abhandlung sich einfach der verdoppelten Formel $C_4H_{12}As_2$ bedient.

4 *Zu S. 17.* Hydrarsin = Parakakodyloxyd *Bunsen*'s = Kakodyloxyd, vergl. Anm. S.

5) *Zu S. 23.* Die Formel $C_4H_{14}O_5As_2$ entspricht der neuen Formel $C_2H_7O_{2,5}As$. *Bunsen* verbrannte später das Alkargen (Kakodylsäure) mit chromsaurem Blei und erhielt Zahlen, welche zu der richtigen Formel $C_4H_{14}O_4As_2 = C_2H_7O_2As$ (neu) führten (vergl. S. 101).

---

* *Liebig*'s Ann. **37**, 1 — 57. 1841; *42*, 14—46. 1842; *46*, 1—47. 1843.

6) *Zu S. 24.* Die Acetyltheorie, von der *Bunsen* hier spricht, ist die von *Berzelius*, welcher in seinem Lehrbuch 5. Auflage 1843 Bd. I S. 704 folgende Acetylverbindungen aufzählt:

Ac Acetyl	C_1H_6	unbekannt.
Ac Unteracetylige Säure	$C_1H_6O + H_2O$	später aus der Liste der existirenden Sub-
Ac Acetylige Säure	$C_4H_6O_2 + H_2O$	stanzen gestrichen.
Ac Acetylsäure	$C_4H_6O_3 + H_2O$	Essigsäure.

7) *Zu S. 30.* Amphigene = Sauerstoff, Schwefel, Selen, Tellur.

8) *Zu S. 34.* Die Umrechnung der Analyse nach den neuen Atomgewichten: $H = 1$, $C = 12$, $O = 16$, $As = 75$ ergiebt folgendes Resultat:

		I.	II.	berechnet.
C_4	48	21,47	21,36	21,24
H_{12}	12	5,27	5,34	5,3
As_2	150	»	»	66,37
O	16	»	»	7,08,

welches sehr gut mit der Zusammensetzung des Kakodyloxyds übereinstimmt. *Bunsen* glaubte hieraus schliessen zu müssen, dass Alkarsin und Kakodyloxyd identisch seien, und beschrieb das später von ihm dargestellte reine Kakodyloxyd, welches an der Luft weder raucht noch sich entzündet, als Parakakodyloxyd S. 71).

Baeyer [*] hat später gezeigt, dass das durch Zersetzung des Chlorkakodyls mittelst Kalilauge erhaltene reine Kakodyloxyd mit dem Parakakodyloxyd identisch ist, woraus folgt, dass das Kakodyloxyd *Bunsen*'s ein Gemenge von freiem Kakodyl mit Kakodyloxyd ist. *Bunsen* hat diese Ansicht zuerst auch gehabt, nachher aber wieder aufgegeben. Er sagt darüber (S. 73):

»Es ist mir nicht gelungen, zwischen den Verbindungen des Parakakodyloxyds und denen der entzündlichen Modification eine Verschiedenheit zu entdecken. Ich war daher anfangs geneigt, die nicht entzündliche Modification für das reine Oxyd, und die entzündliche für denselben Körper, verunreinigt mit einer kleinen Menge des freien Radicals zu halten. Diese Ansicht musste durch den Umstand bedeutend an Wahrscheinlich-

---

[*] *Liebig*'s Ann. 107, 282 (1858).

keit gewinnen, dass einerseits die leichte Reducirbarkeit der Kakodylverbindungen für die mit der Bildung des Oxyds gleichzeitige Abscheidung des Radicals spricht, andererseits die Verschiedenheiten in den von *Dumas* und mir erhaltenen analytischen Resultaten (*Bunsen* hat anfänglich immer einen höheren Kohlenstoffgehalt gefunden, ebenso *Dumas* A. B.) ihre Erklärung dadurch finden würden. Allein das Verhalten der Substanz gegen Cyanquecksilber deutet auf einen tiefer liegenden Unterschied hin. Man beobachtet dabei eine Zersetzung, die durchaus von der verschieden ist, welche das Alkarsin zeigt. Es entsteht nämlich anstatt des Cyankakodyls eine braune pulverförmige Substanz, die dem Paracyan im Aeussern gleicht.«

Aus den letzteren Angaben *Bunsen*'s kann man den Schluss ziehen, dass nur das freie Kakodyl das Cyanquecksilber unter Bildung von Cyankakodyl und metallischem Quecksilber zersetzt. Was ferner den Umstand betrifft, dass *Bunsen* gerade bei dem am sorgfältigsten gereinigten Alkarsin für das Kakodyloxyd stimmende Zahlen erhalten, so erklärt sich dies einfach durch den grossen Unterschied im Siedepunkte, indem das Kakodyloxyd bei 120°, das freie Kakodyl bei 170° siedet (beides nach *Bunsen*). Bei den früheren Analysen hatte nun *Bunsen* das Alkarsin entweder gar nicht fractionirt, oder nur in 2 Portionen überdestillirt, während er bei den letzteren Wasserdampf anwandte, wodurch wahrscheinlich eine bessere Trennung des leicht flüchtigen Kakodyloxyds von dem schwerer flüchtigen Kakodyl erzielt wurde.

9) *Zu S. 35. Bunsen* hatte früher für das Alkarsin die Dampfdichte 6,5 gefunden, während er jetzt bei dem mit Wasserdampf gereinigten hauptsächlich aus Kakodyloxyd bestehenden Alkarsin 7,5 findet. Die Theorie fordert für das freie Kakodyl $(O = 1)$ 6,6. für das Kakodyloxyd 7,0. Seine Dampfdichtebestimmungen stimmen daher mit der Annahme überein, dass das Alkarsin ein Gemenge von Kakodyl und Kakodyloxyd ist.

10) *Zu S. 38.* $2 \, Kd \, Cl + Ba(SH)_2 = Kd_2 \, S + Ba \, Cl_2 + H_2 S.$

11) *Zu S. 39.* $Kd_2 O + Ba \, SH_2 + 2 \, C_2 H_4 O_2 = Kd_2 S + (C_2 H_3 O_2) \, 2 \, Ba + H_2 S.$

12) *Zu S. 39.* $2 \, Kd \, O \cdot OH + 3 \, H_2 S = Kd_2 S + 2 \, S + 4 \, H_2 O$ (berichtigte Gleichung). *Bunsen* formulirt hier die Kakodylsäure nach $Kd \, O_4$, was gleichbedeutend mit der neueren Formel der Kakodylsäure $Kd \, O_{2.5} H$ ist, während er später die

richtige Zusammensetzung KdO_3: entsprechend KdO_2H neu ermittelte.

13) *Zu S. 41.* Hier und im Folgenden ist die Umrechnung der Analysen nicht ausgeführt worden, weil die Differenz zwischen den gefundenen und berechneten Zahlen zu geringfügig ist. Vergleiche in dieser Beziehung die *Bunsen'*schen Zahlen für Alkarsin mit den in Anm. 5 umgerechneten.

14) *Zu S. 41.* Die Dampfdichte soll nach dem Molekulargewicht berechnet für $O = 1$ 7,6 betragen und nicht 8,39. *Bunsen'*s Resultat 7,72 stimmt daher vollständig mit der Theorie.

15) *Zu S. 48.* Berechnet 4,1.

16) *Zu S. 51.* Berechnet 4,4.

17) *Zu S. 52.* Das wasserhaltige Chlorkakodyl könnte möglicherweise ein salzsaures Kakodyloxyd sein

$$\begin{array}{c} \overset{\text{v}}{As}(CH_)_2 - HCl \\ \overset{\text{v}}{As}\ CH_)_2 - HCl \end{array} \Big> O$$

18) *Zu S. 59.* $KdO + Hg_2Cl_4$ könnte so formulirt werden.

$$\begin{array}{c} \overset{\text{v}}{As}\ CH_{3\ 2} - HgCl \cdot Cl \\ \overset{\text{v}}{As}\ (CH_3)_2 - HgCl \cdot Cl. \end{array} \Big> O$$

19) *Zu S. 62.* Vergl. Anm. 5.

20) *Zu S. 66.* Das basische Chlorkakodyl ist mit Rücksicht auf seinen Siedepunkt 109° (Chlorkakodyl siedet bei 100° und seine Eigenschaften offenbar nichts anderes als ein Gemenge von Chlorkakodyl mit freiem Kakodyl, resp. dem aus letzterem durch Oxydation entstandenen Kakodyloxyd. Die Entstehung dieses Gemisches bei der Behandlung des Alkarsins mit Salzsäure erklärt sich einfach dadurch, dass das in diesem enthaltene freie Kakodyl unverändert bleibt, während das Kakodyloxyd Chlorkakodyl liefert. Dasselbe gilt vom basischen Bromkakodyl.

21) *Zu S. 69.* Das basische Jodkakodyl wird sowohl durch Behandlung von Alkarsin mit Jodwasserstoff als auch durch Zusammenbringen von Jodkakodyl mit Alkarsin erhalten. Da es an der Luft raucht und sich sogar freiwillig entzünden kann, ist anzunehmen, dass es nichts anderes als eine krystallisirende Verbindung von Jodkakodyl mit freiem Kakodyl ist. Bestimmteres lässt sich darüber bei dem Mangel einer Analyse

nicht sagen. Uebrigens sind die von *Bunsen* beim Zusammenbringen von sogenanntem basischen Bromkakodyl mit Quecksilber erhaltenen Krystalle möglicher Weise von entsprechender
Zusammensetzung.

22) *Zu S. 71.* Vergl. Anm. 8.

23) *Zu S. 85.* Nach dem Molekulargewicht berechnet sich
die Dampfdichte des freien Kakodyls für O = 1 zu 6,6.

24) *Zu S. 92.* Nach den jetzigen Formeln gestaltet sich
diese Gleichung folgendermaassen.

$$(As(CH_3)_2)_2 = As_2 + 2 CH_4 + C_2 H_4.$$

25) *Zu S. 96.* Diese Idee wurde bekanntlich von *Frankland* 1848 realisirt.

26) *Zu S. 102.* Dies trifft nicht zu, da phosphorige Säure
ein an der Luft rauchendes Oel, also freies Kakodyl, erzeugt.

27) *Zu S. 110.* Wohl ein Gemenge verschiedener Salze.

28) *Zu S. 110.* $\frac{1}{7\cdot364} = 1$ Atom Schwefel pro Molekül
Kakodylsulfür.

29) *Zu S. 114.* Man kann diese Verbindung ihrer Zusam-
mensetzung nach als ein Kakodyldisulfid $As(CH_3)_2 \cdot S \cdot S \cdot As(CH_3)_2$
oder als ein Trithiokakodylat des Kakodyls

$$As \stackrel{v}{=} \begin{matrix} (CH_3)_2 \\ S_{III} \\ - SAs(CH_3) \end{matrix}$$

betrachten. *Bunsen* giebt der letzteren Formel den Vorzug, da
die Substanz mit Metallsalzen zweifach geschwefelte kakodylsaure Salze liefert, wahrscheinlich unter gleichzeitiger Bildung
von Kakodyloxyd. Er beschreibt folgende Sulfokakodylate:

$$As(CH_3)_2 SS Au; As(CH_3)_2 SS Cu; [As(CH_3)_2 SS] Bi;$$
$$[As(CH_3)_2 SS]_2 Pb.$$

30) *Zu S. 122.* Das wirkliche der Kakodylsäure entsprechende Kakodylsuperchlorid (Trichlorid) ist erst von
Baeyer[*)] entdeckt worden. Da dasselbe von Wasser ausserordentlich leicht zersetzt und in ein Oxychlorid verwandelt wird,
so ist klar, dass *Bunsen* diesen Körper durch Einwirkung von

---

*) *Lieb.* Ann. 107, 263.

Salzsäure auf Kakodylsäure, wobei Wasser abgespalten wird, nicht erhalten konnte. Sein als Syrup beschriebenes Superchlorid könnte übrigens möglicher Weise ein zwischen dem Trichlorid und dem basischen Kakodylsuperchlorid, welches nach *Baeyer* ein Oxychlorid ist, in der Mitte liegender Körper sein, wie folgende Zusammmenstellung zeigt:

$$
\begin{array}{cccc}
(CH_3)_2 & (CH_3)_2 & (CH_3)_2 & (CH_3)_2 \\
As \begin{array}{l} OH \\ OH \\ OH \end{array} & As \begin{array}{l} Cl \\ OH \\ OH \end{array} & As \begin{array}{l} Cl \\ Cl \\ OH \end{array} & As \begin{array}{l} Cl \\ Cl \\ Cl \end{array}
\end{array}
$$

Hypothetisches Basisches Kako- Kakodylsuper- Kakodylsuper-
Hydrat der Ka- dylsuperchlorid chlorid von chlorid von
kodylsäure. von *Bunsen*. *Bunsen*. *Baeyer*.

31) *Zu S. 128.* Das kakodylsaure Kakodylchlorid, dem *Bunsen* die Formel:

$$As_5(CH_3)_{10}O_3Cl_6 \text{ oder } \begin{array}{l} As(CH_3)_2O \\ As(CH_3)_2O \end{array} > O + 3\,As(CH_3)_2Cl_2$$

zuschreibt, ist nach *Baeyer* l. c. S. 273 ein Gemenge von Arsenmonomethyldichlorid mit Kakodyloxyd, dem letzteres durch Destillation über wasserfreie Phosphorsäure entzogen werden kann.

32) *Zu S. 131.* Da die Annahme *Bunsen*'s von der Existenz eines Kakodyldichlorids sich als irrig erwiesen hat, haben die daran sich knüpfenden Speculationen natürlich auch keine Berechtigung.

33) *Zu S. 132.* Die Zusammensetzung dieses Salzes stimmt auch mit der einfachsten Formel:

$$As(CH_3)_2O \cdot OH + HgCl_2.$$

34) *Zu S. 137.* Die von *Bunsen* entdeckten und mit Sicherheit als einheitliche Substanzen nachgewiesenen Kakodylverbindungen sind mit Weglassung der Salze folgende:

Freies Kakodyl Kd_2
Kakodyloxyd Kd_2O
Kakodylsäure KdO_2H
Kakodylsulfid Kd_2S

Kakodyldisulfid	Kd_2S_2
Kakodylchlorid	$KdCl$
Kakodyloxychlorid	$Kd(OH)_2Cl$
Kakodylbromid	$KdBr$
Kakodyljodid	KdJ
Kakodylcyanid	$KdCN.$

München, im Mai 1891.

Adolf v. Baeyer.

Zusatz. Die auffälligen Verschiedenheiten der den Abhandlungen *Bunsen*'s vorgedruckten Vornamen, nämlich
Dr. *G. Bunsen* und *Rud. Bunsen* haben Veranlassung zu entsprechenden Erkundigungen gegeben, auf welche durch Herrn
Prof. *Victor Meyer*'s gütige Vermittelung von der maassgeben-
den Seite folgende Auskunft erfolgt ist.

Bunsen hat die Vornamen *Robert Wilhelm*, später, mit
etwa 20 Jahren, nahm er noch den Namen *Eberhard* an, weil
der zerstreute Pfarrer bei der Taufe diesen Namen statt *Wilhelm* ins Kirchenbuch geschrieben hatte. Die Bezeichnungen
»Dr. *G.*« und »*Rud.*« sind Druckfehler; *Bunsen* hatte keine
Correcturen seiner Abhandlungen erhalten, und daher die Fehler
nicht verbessern können.

Leipzig. Juli 1891.

W. Ostwald.

Druck von Breitkopf & Härtel in Leipzig.